U0142255

General
Education

Nanotechnology and Live

奈米科技
與生活

廖婉茹◎編著

五南圖書出版公司 印行

推|薦|序

　　奈米科技與生活在生命科學領域目前是當紅產業，舉凡奈米馬桶、口罩及軍用衣或鞋墊等食衣住行育樂皆可見之，奈米科技也是目前國家重視的計畫。

　　廖博士的學經歷優秀，此次囑我代序，我衷心祝福此本書籍能暢銷，除大專院校用書外亦可通用於一般大眾，讓我們給這位後起之秀鼓勵吧！

林正雄　謹誌

吳鳳技術學院化工系教授兼主任

2006 年

編|者|序

　　在現今世界經濟不景氣的環境下，仍能積極吸引數百億美金的奈米科技，可說是 21 世紀經濟的新希望。國內方面，奈米國家型科技計畫估計 2008 年時，相關產值會達新台幣 3,000 億元。奈米科技的進展將引領科學的大躍進……，且與生活密不可分。

　　本書每一章將分述與生活有關的科技，深入淺出，相當適合大專院校與大學通識教育的莘莘學子。

　　此書編撰出版付梓不免有疏漏，倘有不適之處尚請讀者不吝惠賜寶貴的意見，並請諸位海涵，也感謝諸多先進前輩與任課學子對奈米科技與生活之讀後心得。同時，在此書編撰期間所給予的鼓勵與協助，特此感謝！也感謝我的父母及弟妹精神上的幫助及林宜賢研究員的幫忙打字，特此感恩！

廖婉茹　謹誌

於吳鳳技術學院

目錄

Chapter 1

奈米的由來

最先提出人類有可能在奈米層級做各種應用的，是 1965 年諾貝爾物理獎得主費曼，他也是知名的科普作家，在 1959 年提出「將大英百科全書全部寫在一個針尖上」；以現在的科學觀點來看，只要縮小 4,000 萬倍就行了。對物理學家而言，奈米級物質太小，很難觀察、控制；但對化學家而言，奈米級物質卻太大，因為可以包含幾百個原子、分子，彼此間交互作用太複雜。1970 年代末期，隨著科技進步，科學家發現，奈米級大小、介於巨觀和微觀之間的「介觀」物理現象，值得進一步研究。1980 年代，電子掃描穿隧顯微鏡（STM）、原子力顯微鏡（AFM）、近場光學顯微鏡（SNOM）的出現，提供科學家觀測、操控奈米尺寸原子、分子的「眼睛」和「手指」；80 年代後期，已有大量科學家進入奈米相關基礎研究領域。

首先由政府公開將奈米列為重點研究項目是日本，在 1990 年代初期投入大筆經費，「奈米」（Nano Meter）一詞就是在此時由日本提出；美國則因經費、人力充足，各方向研究包括奈米領域，一直都很多，也維持相當領先地位。台灣在 1997 年，開始有設立國家型計畫構想，隔年國科會規劃奈米尖端計畫，今年正式成為國家型計畫，吸引學術界大量投入；工研院也在去年正式成立奈米科技研發中心，朝奈米科技應用層面全力發展。所謂的奈米實際上是一個度量單位 nanometer（nm）的譯名，指的是十億分之一公尺（$1\ nm = 10^{-9}m$），也就是百萬分之一公釐。這樣大小的單位基本上已經超乎一般人的想像和理解了，如果要具體形容的話，就是說一個「奈米」大小的物體放在一顆乒乓球上，比例就等同把一顆乒乓球放在地球上一般。奈米科技實際上並無統一的定義，以一般說法是指由於物質在奈米尺寸下，會呈現有別於巨觀尺度下的物理、化學或生物特性、現象。所謂奈米科技便是運用這方面的知識，在奈米尺寸等級的微小世界中操作、控制原子或分子組合成新的奈米尺度結構（奈米材料），以

便展現新的機能與特性。並以其為基礎，設計、製作、組裝成新的材料、器具或系統，使之產生全新功能，並加以利用的技術總稱。奈米科技的最終目標是依照需求，透過控制原子、分子在奈米尺度上表現出來的嶄新特性，加以組合並製造出具有特定功能的產品。

在自然界中最有名的例子就是所謂的荷葉效應（Lotus effect），由於荷葉表面有自然的奈米級尺寸顆粒，若透過電子顯微鏡觀察葉子表面結構，會發現葉子表面這些奈米微粒形成小球狀凸起，而這些微小纖毛結構讓污泥、水粒子不容易沾附，而達到自潔的功效，這就是「蓮花出淤泥而不染」的原因。另外，像蜜蜂體內存在著磁性的奈米粒子，這些粒子具有羅盤的作用，這就是蜜蜂飛行的導航系統了。

雖然說奈米科技的領域相當廣泛，不過就發展以及應用類型加以區分的話，還是可以分為下面三種主要類型：分別是奈米元件、奈米材料以及奈米檢測技術。

一 奈米元件

所謂奈米元件，是指以分子、原子為基礎，製造具特殊功能的微小元件。而製造這些奈米等級元件的方法主要有兩種，一種是由上而下的方式，另一種則是由下而上。什麼是由上而下呢？簡單說就是利用微加工的方式，使一般較大的元件不斷的微小化，最後變成我們所需的大小。而由下而上的方式則正好相反，是利用分子、原子為原料，用類似拼積木的方式，將其組裝成我們所要的細微元件。

二 奈米材料

　　奈米材料（目前定義材料粒子尺寸介於 1 奈米～100 奈米者，稱之為奈米材料），則是指材料具有幾何形狀，且這些形狀是表現在奈米的程度上（簡單來說就是這些形狀極為微小，肉眼是絕對看不出來的）。我們一旦在材料上製造出這些微小的幾何形狀，材料往往就會產生特殊的特性與功能。而這些具特殊結構奈米材料，則會產生包括表面效應、特殊的光學性質、熱性質、磁性質以及力學性質等和往常材質不同的效應，使得相同的原料可以在加工後產生不同的用途。

　　如果沒有精確檢測的技術，想觀察奈米元件與材料之結構與性質是不可能的，因此我們必須建立諸多的奈米檢測技術，以進一步研究各種奈米結構的力、光、電、磁等性質。

三 奈米科技在各領域所面對的挑戰與機會

材料與製造

　　奈米技術改變我們未來製作材料與裝置的方法。挑戰包括：使用設計之材料合成、生物和生物活化材料的發展以及低成本之量產技術的發展，和確認導致奈米尺度材料功能失靈之起始原因。其應用包括：

1. 不需機械加工的方式下，製作實際形狀之金屬、陶瓷及高分子奈米結構材料。
2. 使用具有最佳染料及顏料特性之奈米尺度粒子以改善印刷。
3. 利用奈米接合及電鍍之碳化物以及奈米塗層以作為切割之工具，做為電子、化學及結構等之應用。

4.奈米尺寸量測之標準。

5.在單晶片上進行複雜多功能高層次之奈米加工。

奈米電子及電腦技術

新巨磁阻現象的發現在未來 10 年內，奈米技術將完全取代舊有的電腦磁記錄磁頭技術。其他有潛力的突破包括：

1.奈米結構的微處理元件，將持續低能量使用與低成本的發展趨勢，因此將提高電腦之效率達百萬倍。

2.具高傳輸頻率及高效用之光譜的通訊系統以增加提供至少 10 倍以上之頻寬，將可應用於商業、教育、娛樂及國防。

3.1,000GB 容量的小而輕的儲存元件，其功能將超過目前達千倍。

4.具體積小、質量輕、省能源特性之積體奈米感測器系統，其具有蒐集、處理、通訊大量資訊的功能。

醫藥與健康

生命系統係由奈米尺寸的分子行為所控制，而目前化學、物理、生物及電腦模擬等學門皆匯流在奈米尺度上的發展，此一跨領域跨學門的趨勢，可刺激奈米生物科技的發展，其具潛力的應用包括：

1.快速有效的基因序列可在診斷與治療產生革命性的影響。

2.使用遙控或及時活體元件有效及更便宜的醫療照顧。

3.新藥物的配方或輸送途徑。

4.更耐久之人工組織或器官。

5.視力或聽力輔助。

6.偵測新興人體疾病之感測系統。

航空與太空探測

奈米結構材料可應用在設計及製造重量輕、強度高、熱穩定

性高的飛機、火箭、太空站及太空探測基地等,此外低重力、高真空之太空環境,可以幫助發展在地球上無法製造之奈米結構或系統。這些應用包括:

1.低動力、高輻射抵抗之高性能電腦。

2.微太空船之奈米設備。

3.奈米結構感測器及奈米電子儀器可促進航空電子學的發展。

4.絕熱及耐磨耗之奈米結構塗層。

環境與能源

奈米科技在能源效率、儲存及生產上具有潛在巨大的衝擊,例如:

1.奈米催化劑的使用,可大幅提升化學工業的產能。

2.介孔性材料其孔隙大小約為 10～100nm,廣泛的應用在石油工業上,以移除微細之污染物。

3.以奈米粒子強化高分子材料可取代結構金屬元件在汽車工業之應用。

4.奈米尺度之無機黏土或高分子材料可製造更環保、更耐磨的輪胎。

生物科技與農業

生命的基本元素,如蛋白質、核酸、脂、質醣等,皆因其在奈米尺度上之大小、型態的不同具有獨特的性質。生物合成與生物製程,提供新的方法製造新的化合物及藥物。而奈米技術對農業發展上的直接幫助有:奈米分子工程化合物可滋養農作物及防蟲、動植物的基因改質工程、動物體內基因及藥物的傳送,奈米陣列的 DNA 檢測科技。

國家安全

奈米技術在國家安全的關鍵應用上包括：

1.經由奈米電子技術提供之各種持續資訊。
2.利用奈米電子電腦技術所設計之更複雜的虛擬時境模擬系統，以提供更有效的訓練。
3.大量使用進步的自動化和機器人，降低部隊所需人力、危險性以及改善車輛的性能。
4.達到軍事平台所要求的更高性能，同時降低失敗率及生命循環成本。
5.提升化學、生物、核子感測能力以及災難防護。
6.設計改良的系統以用來對核子擴散的監督及管理。
7.連結奈米及微機械元件以控制核子防衛系統。

四 奈米材料的定義與其深具應用價值的特性為何？

由於奈米結構材料，其性質隨著粒徑大小不同而有所差異，使奈米材料的各種特殊屬性逐漸為人所重視，於今乃發展成一重要的新機能素材。奈米材料的定義為大小尺度（Dimension）介於 1～100 奈米之間，而其主要特性舉例如下：

1.奈米材料的晶相或非晶質排列結構與一般相同材料在塊材中之結構不同。
2.奈米材料具有與一般相同材料在塊材中不同之性質，如光學、磁性、熱傳、擴散以及機械等性質。
3.使原本無法混合的金屬或聚合物混合而成合金。

由於奈米結構材料，仍有許多的化學性質及物理性質，諸如

材料強度、模數、延性、磨耗性質、磁特性、表面催化性以及腐蝕行為等，會隨著粒徑大小不同而發生變化，而這些有趣的特性及深具潛力的應用價值，促使奈米材料的研究廣受重視。

五 研究奈米材料的工具有哪些？

在過去 20 年來，探測及分析奈米材料特性之儀器與電腦模擬計算奈米材料性質有長足的進步，新儀器包含各種新式顯微技術，在高解析度穿透式電子顯微鏡（High Resolution Transmission Microscopy）上，目前已可到原子之解析度。掃描穿隧式顯微鏡（Scanning Tunneling Microscopy）、掃描原子力顯微鏡（Atomic Force Microscopy）及掃描磁力顯微鏡（Magnetic Force Microscopy），則可觀察到物體表面上的原子排列結構。光電子能譜顯微術，近場光學顯微術則可測量出單一分子或團簇的性質。在小角度 X 光散射，及中子散射則可觀察凝態中尺度結構，我國同步幅射及第二代中子源之發展，都將非常有利於奈米材料研究之開發。其他在物理性質測量上則有例如：SQUID 測量磁性、量子霍爾效應量度以及單電子導電性衡度之發展都有快速進步。

任何能夠讓各自獨立的構成要素（components）進行互動的軟體、硬體或是操作的方法論；例如，企業訊息化（enterprise messaging）或是中介軟體（middleware），可以將分散的，甚至是先前不相容的電腦或軟體連結了起來，達成資源共享的目的，這就是促成科技。

六 奈米技術所面對的機會與風險

生物技術、資訊與通訊技術及奈米技術並稱為 21 世紀的明星技術。其中奈米技術的應用範圍包括奈米電子學、生物化學、

奈米光觸媒、奈米醫學、奈米感應器等領域。奈米粒子由於其表面積對於質量的比例要比正常粒子型態時大的多，所以奈米粒子具有更好的化學反應性。

此外，在 50 奈米以下時，會產生所謂的量子效應，在電、磁行為上都會產生變化。本文對於奈米技術的應用提出了兩項機會：1.飛機或汽車等高價位的用品；2.到了 2009 年時，電子或資訊產業對於微處理器與記憶晶片的應用，將會倚賴奈米技術。

以下為一些應用領域的介紹：1.太陽眼鏡：鏡片上塗覆奈米複合物將可以防止鏡片刮傷；2.紡織品：防風、防雨、防皺等奈米衣物；3.運動設備：目前已有滑雪蠟的奈米物質，使滑雪速度增加；4.化妝品：奈米化妝品將更能穿透皮膚；5.電視：將碳奈米管應用於電視，將比現今發展中的電漿電視或液晶電視更節省能源。

至於發展奈米粒子所將面臨的風險，整理如下：1.未來將有越來越多人暴露在奈米粒子的環境中；2.潛在對於人體的傷害將要經過數年才知道明顯的影響；3.職業傷害將受到重視；4.在以往產生的若干傷害原因將在未來得到證實。

有鑑於此，為有效管理奈米技術所可能導致的風險，下列事項必須注意：1.政府具有明確積極的奈米技術發展政策及充足的獨立研究資金挹注；2.各種研究成果均透明化；3.保險業者與企業主之間隨時能夠做意見上的交流；4.各種專業術語與標準化都是國際水準；5.建立全球風險管理制度。

七 奈米技術是否會讓我們的世界變的更好？

近年來，奈米技術的發展與應用被媒體大肆報導，也正因為這一項技術牽涉的範圍很廣，除了先前只關注奈米技術對於人類有多少利益之外，其潛在的危害也慢慢受到重視。

　　本文主要是探討奈米技術的發展與社會大眾的觀點，並與基因改造食品的發展做比較。美國對於基因改造食品的態度是只要通過審核，即可將基因改造食品視為傳統產品，不需要再去標示，但是若基因改造食品在營養成分等內含物與原來食品有所不同，即必須標示。

　　至於歐洲則是規定所有基因改造食品都要標示，此外，任何食品內基因改造成分超過 1%，也要加以標示。從社會大眾的角度來看，本文整理了一些問題如下：

1.我們為何需要基因改造食品？對我們有何益處？

2.誰去決定基因改造食品的發展方向？

3.我們在考慮購買傳統食品或是基因改造食品時，如何做出正確的判斷？

4.管理機關的管控能力是否值得信賴？

5.基因改造食品的風險是否被審慎的考慮過？

6.如果發生意外的傷害該由誰來負責？針對以上這些問題，在發展奈米技術時也同樣應該被考慮。

　　目前奈米技術當中的奈米顆粒（Nanoparticle），由於其大小可以穿透皮膚直接進入人體內，所以對於人體究竟是好處多於壞處還是壞處多於好處，仍需要更多的研究數據來幫助了解。最後，本文指出，奈米技術的優缺點與奈米技術應用的目標與範圍有很大的關連性。不論是學術界、產業界或是政府，都有責任將新的奈米資訊不論有益或是有害的，儘可能的告訴大眾，讓社會大眾能夠從技術、環境、社會發展等層面去省思奈米技術的未來。

　　美國德州泛美大學（The University of Texas Pan American）機械工程系、財經系及歷史哲學系三系合作，就奈米技術之發展所引起社會關切的議題進行研究及探討。奈米技術雖仍屬萌芽期，但已產生諸多社會及倫理關切的議題，其中包括：

1.奈米隔閡：貧富問題雖已存在數世紀，然奈米技術的發展顯然

將進一步擴大富國與貧國的差距。

2.隱私權及安全之問題：有些人擔憂奈米電子學及感測器的發展將侵犯個人的隱私權及安全。

3.多重學門／跨學門之問題：奈米技術的應用發展往往結合材料、生物、物理及其他學門之知識，導致欲分析及評論奈米科技的社會學家可能需具備理工背景。

4.奈米技術缺乏管制之問題。

5.奈米生物技術產生之醫學倫理問題。

6.奈米技術造成之環境利益及傷害的問題。

7.奈米機器人諸如「灰泥」（grey goo）可能自行複製（而統治世界）的問題。

　　至於社會大眾對奈米技術的觀點，目前的通俗文化大多報導奈米技術的負面觀點。北卡羅來納大學在 2004 年曾電話訪問 1,536 位美國成人，結果有 80%答覆不知奈米技術為何物。英國亦曾對 1,005 位 15 歲以上的人民進行電話訪問，其中僅 29%的受訪者聽說過奈米技術，而只有 19%的受訪者答得出什麼是奈米技術。

　　泛美大學則是對 978 位 18 歲以上非理工背景的學生及員工進行調查，結果只有 17%的受訪者了解什麼是奈米技術，45%聽說過奈米技術，從未聽過奈米技術的受訪者中有 66%為女性，能正確識別奈米技術的受訪者中則有 76%為男性。至於受訪者得知奈米技術的來源則主要是大眾媒體。

　　關於奈米技術之研究經費，80%的受訪者認為他們應該有發言權，只有 7%受訪者反對有發言權。有 46%受訪者認為科學家及工程師會做出對大眾最有利的決策，但有 30%反對。最後被問及是否願意對奈米技術做進一步之了解，令人欣慰的是有 76%受訪者答覆「願意」。

八 奈米技術創新與專利叢集：什麼智財權政策能促進成長？

　　調查結果顯示美國人民超過 80% 沒有聽過或很少聽說奈米技術，三題知識性的是非題只有 3.1% 的人全對。然而調查的應答者普遍預期奈米技術所帶來的利益會比風險多，且他們都描述對奈米技術感到有希望，而不是感到憂慮。他們最喜歡的奈米技術潛在利益是「新又較好的方法用來偵測及治療人類疾病」，同時他們確認「喪失個人的隱私由於極微小又新的監視裝置」是最重要且必須避免的潛在風險。

　　從調查資料所得最使人沮喪的觀點是應答者缺乏對企業領導者的信賴，信賴他們應用奈米技術在人類健康時，可以將風險降低到最小。整體來說，調查結果的資料表明雖然美國人民不需要因為相信利益而缺乏風險意識，但他們對未來的展望大都是正面多於負面。

奈米與生活

一 人類的生命肇始於奈米

DNA是攜帶人類遺傳密碼的重要物質，其直徑只有2奈米，所以人類的生命可謂是肇始於奈米。細胞核中有兩種重要的聚合酵素，分別負責DNA的複製以及從DNA轉錄出RNA，此兩種酵素的分子大小僅在15奈米左右。人體細胞以細胞膜來分隔細胞內部與外在環境，細胞膜的厚度約在7～10奈米之間，膜中有離子通道可控制鈣、鉀、鈉、氯離子的進出，這些離子通道的內徑約僅有1～2奈米寬。

細胞內的核醣體直徑約25奈米，負責以RNA為模版，將個別氨基酸組合成長鏈狀以構成蛋白質，進而執行人體的各項功能。在血管中負責運送油性成分的載體稱為脂蛋白，低密度脂蛋白的粒徑介於25～30奈米，高密度脂蛋白的粒徑僅有7.5～10奈米。這些奈米物質在人體中扮演各種不同重要角色。

當傾力發展奈米科技之際，不妨看看我們的周遭。「師法自然」或許能為研究人員帶來創新靈感，並提供另一種思考途徑與模式。解決問題的答案也許不在實驗室，或許就在我們的身體裡或就在自己的生活中。

奈米技術

關於奈米尺規（在1和100奈米之間）的結構和系統的發展和實際應用。

這個概念不應與「奈米科學」搞混，奈米科學並不描述一種實際應用，而是對奈米世界特性的科學研究。「Nano 奈諾」是希臘語字首詞，表示「十億分之一」（一米的十億分之一是奈米技術領域的測量單位）。一個原子小於一奈米，但是一個分子可以大於這個量度。

在奈米技術裡 100 奈米的尺寸是重要的，因為在這個範圍內，尤其是由於量子物理學定律，可以觀察到新物性。

🔷 兩種類型的奈米技術

1. 上──下：從上（較大）到下（較小）。機制和結構被小型化到奈米標度。這是至今最常見的奈米技術應用，尤其是在電子學領域，那裡的小型化占優勢。

2. 下──上：從下（較小）到上（較大）。人們從一個奈米結構開始，例如一個分子，並且通過組合過程或者自我組合過程，創造一種大於起初的機制。有些人認為這種途徑是唯一的「真正的」奈米技術，這種方法應該允許對物質的極其精確的控制。正是以這種方法，我們將能夠將我們自己從小型化的限制裡解放出來，特別是在電子學領域裡。

下──上奈米技術的最終步驟稱為「分子奈米技術」，或者稱為「分子製造」，K. Eric Drexler 埃裡克‧德雷克斯勒研究員論證了這個最終步驟。人們想像真正的分子製造廠，能夠通過精確控制的原子和分子指數組合過程生成任何物質。當人們意識到我們可感覺到的環境整體是由有限的不同成分（原子）字母表構成，這些不同成分引起形形色色的產生，如水、金剛石、或者骨，很容易想像分子組合能提供幾乎無限的潛力。

有些對奈米技術持有更保守觀點的人士對分子製造的可行性持有疑問，因而持有與分子製造理論的最初提出者埃裡克‧德雷克斯勒的長遠觀點相衝突的觀點。儘管大部分涉入研究人員感到奈米技術的成熟是一種積極的發展，並且奈米技術將意味深長地改善地球上（以及在空間的）人群整體的生活品質，保持這種對遠景的意見分歧仍是重要的。

奈米是一種長度單位

奈米的英文是 nanometer，nano 翻譯成「奈」，meter 就是「一米（公尺）」，奈米也就是把一公尺分成十億份之後的長度。一般說到奈米科技，指的是以研究發展 0.1 到 100 奈米物質的科學和技術。我們用天文望遠鏡觀察超巨大卻遙不可及的星球，然而，要看奈米那麼小的分子，則必須用到掃描穿隧顯微鏡和原子力顯微鏡。奈米（nm）就是 10 的負 9 次方米，比釐米（10 的負 3 次方米）、微米（10 的負 6 次方米）都來得微小，已接近原子的大小（10 的負 10 次方米）。

二 奈米纖維的應用

紡織業因應消費者對於抗紫外線、保暖和抗菌防臭的需求，而發展出各種以奈米纖維製做的衣物。一般而言，羊毛和聚酯纖維的紫外線透光率最低；深色的透光率比淺色的低。夏天穿起來較舒適的棉、麻衣服，反而對紫外線無防護作用，因此，把會吸收紫外線的二氧化鈦、氧化鋅等金屬氧化物做成奈米粉體，再以嵌入或塗布的方式，使紡織纖維中結合住這些微粒，便可以加強它們吸收紫外線的能力。

遠紅外線保暖衣物也應用到奈米科技，陶瓷材料含有許多金屬氧化物，最能發射出遠紅外線，做成陶瓷微粉之後，效果更好。陶瓷微粉以吸附或加入樹脂塗層劑的方式固著在纖維中，衣服穿在身上，遠紅外線被人體吸收，產生熱能，進而促進體內血液循環。

抗菌防臭的原理主要是利用金屬離子，尤其是銀離子，這些金屬吸附細菌的酵素，使它們失去功能而遭到破壞。，這種反應還會不斷發生，達到個個擊破的效果。有些金屬例如銅、鋅，則

有除臭效果。將這些金屬做成奈米大小的微粒混入紡絲中，做成衣服、口罩、襪子等，就可抑制細菌的滋生，把臭氣分解掉。

奈米纖維的衣物除了應有其宣稱的效果外，也應具有耐洗、耐磨的特性，尤其是貼身的衣物，因此，製造過程必定又加入了其他化學物質，安不安全？有待評估。

奈米科技在家電用品的應用

洗衣機槽面容易藏污納垢，在陶瓷材料中加入氧化銀，便可達到抗菌的效果。奈米空氣清淨機、冷氣機，除了以二氧化鈦在照射紫外線後，產生自由基達到殺菌效果外，也可利用前面提到的金屬，去除空氣中的異味。由原子、分子「由下而上」的自組裝技術突破，使科學家得以開始設計超大分子，及各種嶄新奈米結構與材料。奈米材料的研發，不僅使奈米物理、化學研究愈來愈熱門，透過奈米材料，還可應用在奈米機械、奈米電子、奈米能源、奈米環保、奈米生技、奈米醫學，甚至奈米武器等領域。

發展製造奈米結構的能力，也讓科學家對原子或分子的操控，達到奈米尺度的精準度；在研發奈米科技過程中，量子物理是相當重要的一環，奈米尺度中主要的量子效應，包括電子的干涉作用、穿隧效應、物質波能量的量子化，及自旋電子學。在奈米尺度時，物質不再具有規則周期性的結構特徵，量子效應主導了物性行為；奈米結構的幾何形狀、表面積的大小及相互間的作用，也都決定了奈米結構的性質，使各種不同的奈米結構，展現出明顯、甚至迥然不同的物理、化學特性及現象。

奈米科技發展 20 年來，在人類生活中的重要性與日俱增，目前世界各國都投注大筆經費研究奈米能源，利用奈米粒子體積小、活化性強、藉由陽光產生強大催化性等特性，研發更能有效吸收太陽能的新型太陽能板，希望未來，人類不必再靠挖掘數百萬年才能形成的珍貴石油。

另外，利用奈米研發傳輸效率更佳的衛星通訊，增進衛星防禦、偵測功能；提高現有武器精準度，成為新一代奈米武器，更是先進國家努力研究的方向；至於不沾茶垢、咖啡垢的奈米杯、具殺菌功能的奈米口罩、奈米光觸媒燈管等，記憶容量更大的奈米電腦記憶體等，都已出爐，讓人類生活更健康、更方便，21世紀可說是「奈米科技的世紀」。

奈米技術所達成的應用及長效

關於奈米技術的一些極限：物質是在它的最基本水平上被操作，即原子。奈米技術是一個合乎邏輯的步驟，在人類的發展進程中是不可避免的。

它不僅僅是狹隘的技術領域的進步，如果我們能駕馭並利用奈米技術的潛力，它象徵著一個新的「時代」的誕生。從強效的防紫外線的遮光劑到用於修補細胞的奈米機器人，有多重的潛在應用範圍。以下是由於奈米技術的發展而將影響的主要領域的列表：

原料：新原料，更堅固、更持久耐用、更輕並且成本更低。

電子：電子原件將變得越來越小，使得電腦的功率越來越大。

能源：例如太陽能潛力將有巨大的增長。

健康和奈米技術：在預防、診斷和治療領域裡將有重大預期進展。例如：奈米視覺探頭可以持久地監視我們的健康狀況，能夠開發新的工具治療基因遺傳病，能夠創造標記物探測並一個一個地摧毀癌細胞。這裡僅僅舉出眾多可能性中的幾例。

在這些領域的發展將衝擊廣泛的產業各界，例如：化妝品、醫藥品、消費電器、衛生、建築、通信、安全以及空間探索。我們的環境亦將受益，生產乾淨、經濟的能源並使用更加有利於環保的原料。總而言之，因為奈米技術將使我們能夠以更少的原料，作得更好，所以無論以何種方式，我們日常生活的許多領域

將會受到它的發展的影響。

奈米產品的隱憂

奈米產品已經進入我們的生活中，而它被應用的範圍相當廣泛，除了食衣住行育樂之外，還包括醫療和電子業等。由於奈米顆粒大約比細菌小 1,000 倍，比病毒小 100 倍，意謂著它們比細菌和病毒更可以自由的進出我們的細胞。因此毒物學家們擔心，奈米微粒極易穿透人類的肺，引起呼吸道疾病，尤其是因從事奈米工業而罹患職業病的機率可能會提高。而奈米微粒也可能穿過胎盤，進入胎兒體內。已經有研究指出，環境中的奈米粒子，進入魚體內破壞其腦部組織。

目前，美國環保署已經撥下 400 萬美金計畫經費，委請 12 個大學研究奈米微粒對健康和環境的影響。可以預見的，奈米科技將和基因改造食品一樣，將成為消費者相當關心的一個話題。

三 奈米科技與日常生活相關物品及各式發揮

奈米鞋墊

材質：面：POLY 奈米材料鞋面、底：EVA 奈米級+草本配方、尺寸：通用、使用方法：鞋墊尺碼極具彈性，按實際尺碼依鞋墊上的弧度剪裁，放入鞋內即可。保養簡單容易，無須清洗，常保持其乾燥，便能確保鞋墊的壽命。顏色：丈青色、產地：台灣。

不會反光及折射玻璃

在植物園或郊外，我們常可看到荷葉上有水珠會滾來滾去。德國的植物學家 W. Barthlott 觀察到，荷葉上的水珠是一顆顆圓

滾滾的，而其他葉片上的水珠則不然。他以電子顯微鏡檢視，發現荷葉具有奈米結構，在葉面有許多突起狀的表皮細胞，上面又覆蓋著長度約 100 奈米的疏水性含蠟絨毛。

因為表皮細胞之間隙充滿了空氣，大幅縮小水珠與葉面的接觸面積，細微含蠟絨毛的結構使水珠更加不易附著於荷葉上。只要有輕風吹拂，水珠在荷葉表面便可快速移動，將灰塵帶走。此種荷葉的「自潔效應」目前已經被應用於具有防污功能的大樓玻璃、室內外磁磚上。

飛蛾眼睛的角膜表面具有奈米級的微小突起，具有低反光性，看起來異常的漆黑，在夜間飛行時，不容易為敵人所察覺。此種特性稱為蛾眼效應（moth eye effect）。目前已有公司依據此種原理，成功開發出不會反光的玻璃，將來可望廣泛運用在眼鏡鏡片、電視及電腦螢幕、汽車玻璃、甚至是展示櫥窗上，具有龐大的潛在商機。

磁性粒子及抗平滑無生物附著表面

某些生物的顏色特別繽紛燦爛，讓人驚豔不已，有的甚至從不同角度觀看還能呈現彩虹般的色澤，例如蝴蝶翅膀及甲蟲殼。人們最早以為這與生物體內所含的色素有關，不過後來科學家們發現關鍵在於稱為光子晶體（photonic crystals）的顯微結構。凡一種物質呈特殊的周期性排列，可以反射特定波長的可見光，便屬於「光子晶體」。

以蝴蝶為例，某些蝴蝶的翅膀能顯現五彩斑斕色澤，這是因為其翅膀上的鱗片具有此種類似光子晶體、周期在數百奈米左右的網狀結構，可將特定顏色的光反射，隨著觀看角度的不同，顏色也會有所改變。

許多人有搞不清楚東西南北的迷路經驗，但是某些昆蟲及動物擁有與生俱來的辨識方向的本能，例如螞蟻、蜜蜂、鴿子和鮭

魚等，即使離家千里之遙，還是能找到回家的路。近來科學家們在這些生物體內發現奈米級磁性粒子的存在，這些奈米磁性粒子可以感應到地球磁場的細微差異，功用就像是生物的磁羅盤或導航系統一般，能幫助這些生物辨識回家的方向。

下水後的船艦，不消多時船殼即開始鏽蝕，甚至附著了許多會加快侵蝕速度的海洋生物，行船摩擦力因此增加，從而影響船速及耗油量，所以船體抗污的研究過去一直著重於開發超級平滑、讓生物體無法附著的表面。反之，終其一生在海中生活的海豚及鯨魚，卻能常保平滑乾淨的皮膚。

研究人員發現海豚的皮膚儘管看似極為光滑，但表面其實布滿了奈米尺寸的微小突起，小到足以讓有害的海洋微生物無法附著其上，卻又不至於增加海豚游動時的摩擦力。仿效海豚皮膚的奈米材料，成了抗污船體的新研究方向。

◥ 奈米陶瓷材料

材料領域浩瀚無際，一般概分為有機與無機材料。無機材料中又分為金屬與非金屬材料。陶瓷材料的廣泛定義就是「無機的非金屬材料」。經過現代科技的精煉、調製與加熱處理後，現代科技已發展與傳統陶瓷截然不同的精密陶瓷，或稱先進陶瓷，其特殊電子、光電、機械、生醫特性衍生電子陶瓷、光電陶瓷、結構陶瓷及生醫陶瓷等領域，在各不同產業產生重要貢獻。

一般陶瓷材料大都以粉體為製成成品之原料，故陶瓷產業長期對粉體有深入且廣泛的應用及研究。當全世界奈米科技蔚為風潮時，陶瓷粉體的奈米化因量產成功，且奈米化的陶瓷具有獨特電、光、磁、化、機械特性，故引起學術界的廣泛研究及產業界的熱烈投入。陶瓷材料與奈米科技的結合創造嶄新機能，由於其特殊功能及奈米量產化成功，已在奈米材料領域中占有關鍵地位。陶瓷材料與奈米科技之結合與發展。

奈米螢光材料

當螢光物質受光或電子刺激，電子由高能階的激發狀態來到原有的低能階狀態時，多餘的能量以光的形式輻射出來，稱「光致發光」或「陰極發光」。利用「光致發光」特性，陶瓷螢光粉體可應用於白光發光二極體上。利用「陰極發光」特性，陶瓷螢光粉體則可應用於場發射顯示器上。

過去傳統螢光材料粒徑較大，且發光效率較低。奈米化螢光粉其發光波長隨粉體粒徑變小而變短，且發光量子效率可有效提升。最近利用奈米化螢光粉以降低顯示器驅動電壓的課題，亦在積極研究中。此外量子點螢光材料也被積極應用於生物細胞標定技術。

奈米感測元件

奈米半導性陶瓷的高比表面積及高化學活性，對如濕度、溫度、氣體等外界環境變化十分敏感。利用奈米陶瓷所做成的感測器，具有靈敏性高、精確度高、響應速度快等優點，已被積極應用於各式警報器及偵測器，可增加居家安全的保障。另一種半導性陶瓷—奈米光觸媒二氧化鈦，因比表面積增大，與被反應物接觸機會增加，且被光激發產生的電子與電洞，亦因奈米化減低電子與電洞重合機會，因此奈米光觸媒反應活性大幅提升，在空氣清淨、淨水、防污、防霧、抗菌、醫療方面展現明顯功效，成為「光清淨革命」的夢幻材料。

奈米積層陶瓷電容器

為配合高密度及輕薄短小電子產品的設計目標，體積小及高單位體積電容量的積層陶瓷電容器（multilayer ceramic capacitor, MLCC）成了重要被動元件之一。隨著電子元件輕薄短小的發展

趨勢，積層陶瓷電容器的單位體積電容量須不斷提高，因此奈米強介電陶瓷粉體成為重要電子材料。

　　奈米粉體是奈米材料中種類最繁多且應用最廣泛之一類。最常見的陶瓷奈米粉體可再分為二類：1.金屬氧化物如 TiO_2, ZnO 等；及 2.矽酸鹽類，通常為奈米尺度之黏土薄片。奈米粉體的製程，包括固相機械研磨法、液相沈澱法、溶膠－凝膠法、化學氣相沈積法等，不同之方法各有其優缺點及適用範圍。此外，奈米粉體之表面覆膜與修飾，亦常是對粉體後段應用必要的處理步驟。如高濃度 CO 淨化觸媒－Au/TiO_2，即將～10nm 的均勻分布在 TiO_2 載體上，以發揮其淨化功能，其中 TiO_2 載體為溶膠－凝膠法製得之奈米孔隙材料，以具備奈米尺寸空間容納金奈米顆粒。

　　積層陶瓷電容器是由製成薄帶型的陶瓷層及內部金屬電極層，分別堆疊積層而成。隨著堆疊層數增加，電極的總面積也會增加。內部電極與陶瓷層交錯排列。內部電極之間被高絕緣性的陶瓷層所隔離。每一陶瓷層上下都被兩個平行電極夾住，形成一個平板電容。

　　如果可使陶瓷層做薄，則在固定厚度下，可使總層數增加，並在固定容積下，增加積層電容器的總電容量。因此如何將每一層介電陶瓷層薄形化，以增加積層陶瓷電容器容量，已成為被動元件產業研發的主要目標。

　　使用奈米級鈦酸鋇為基材的介電陶瓷粉體，是達成介電陶瓷層薄形化的一項重要手段。這種奈米陶瓷，可使積層陶瓷電容器各積層厚度變薄，而使積層層數增加外，同時也有助於介電陶瓷層於積層後的燒結程序，可使介電陶瓷層較容易緻密化，減少介電層中的氣孔率，以助其電氣特性提升。奈米級鈦酸鋇陶瓷將在被動元件產業大顯身手。

　　每天都會使用到的馬桶、臉盆等陶瓷做成的衛浴設備，看起來、摸起來都非常光滑；但若用高倍率顯微鏡檢視，會發現其實

陶瓷表面非常凹凸不平，因此污垢容易沾附，細菌隨之產生。和成公司和東陶公司都已開發出奈米級釉料，和成公司材料研究部經理陳世傑表示，奈米級釉料顆粒非常細，鋪在陶瓷表面就像是在粗糙的水泥牆上塗抹一層油漆，讓表面變得非常光滑，污垢就不容易附著。

奈米鋰離子二次電池材料

因二次電池可反覆充放電使用，便利性高，已成為攜帶性電子產品的主要電源供應來源。二次電池中，鋰離子二次電池因具高工作電壓、高放電電容量、工作電壓平穩、循環壽命長、無記憶效應等優點，成為行動電話、筆記型電腦及數位相機的重要電能供應來源。為進一步提升鋰離子二次電池的功能，增大充放電容量，加快充放電速度，奈米材料扮演了重要的角色。

鋰離子二次電池中，使用陶瓷氧化物如 $LiCoO_2$、$Li(Ni,Co)O_2$ 或 $LiMn_2O_4$ 為陰極，利用石墨具層狀結構之物質作為陽極，使用有機溶劑為電解質。在充電過程，鋰離子會由陶瓷氧化物中遷出，再嵌入至石墨層狀結構中；在放電過程中，石墨材料中已存在的鋰離子遷出石墨，再行嵌入陶瓷氧化物中。如此反覆進行，達到充放電的目的。鋰離子二次電池中鋰離子嵌入及嵌出的機制。

鋰離子二次電池雖然已被廣泛使用，但仍存有部分問題尚待解決。鋰離子電池充電與放電有一定的速度限制，無法進行快速的充放電。鋰離子遷出或嵌入陰極材料時，都是在固體中進行擴散反應。當鋰離子離開陰極材料，進入電解液後，則是在液體中進行擴散反應。固體中的擴散係數較液體的擴散係數小得多，因此鋰離子在陰極端所發生的擴散阻力主要在陰極固體材料中。

如果可以減少固體材料的粒徑，則鋰離子在固體中所需的擴散時間就會縮短，可以快速地進入電解液，再擴散至陽極端。如

此就可以增快電池的充放電速度，大幅縮短充電時間。奈米化陰極材料及陽極材料將可使鋰離子在充電及放電過程迅速嵌出及嵌入，並可做大容量充放電，有效提升鋰離子二次電池之特性。

奈米牛奶

現代人愈來愈講究健康，奈米技術也被應用到食物上，例如小孩子成長過程中必須多喝的牛奶，一般是碳酸鈣和焦磷酸鐵，若多添加鈣、鐵，營養會更好。但是碳酸鈣加多了，會容易沈澱，若因避免沈澱而多加安定劑，牛奶又會變得過於濃稠不好喝；而焦磷酸鐵被人體吸收率較低，但若換添加其他鐵化合物，牛奶易產生鐵銹味，甚至變成淡紅色。

只要將碳酸鈣和焦磷酸鐵做成奈米級大小的超微細粒子，加入牛奶中，因為碳酸鈣粒子變小，不易沈澱，就可減少安定劑用量，使牛奶較為順口；而焦磷酸鐵變成超微細粒子後，較容易被人體吸收，也可彌補原有缺點。

只要使用奈米粉化技術，再額外控制溫度、濕度，就可以在不破壞天然物情形下，將細胞膜和細胞壁打碎，取得其中醫療成分，自由運用；目前台灣已有美容用品、飲料、保健食品中，添加這樣製作出來的「奈米化中草藥」，未來應用範圍還會擴及麵食、布料和油類。

奈米冰箱

存放食物的冰箱也有奈米產品，東元科技冷氣電化廠技術中心經理林詩良表示，冰箱的蔬果箱和冷凍、冷藏之間的微凍室表面，可以塗上一層奈米級遠紅外線塗料，這種塗料可吸收冰箱中些微熱量而放出遠紅外線，遠紅外線會促進細胞活化，可讓食物保鮮。

奈米布料及衛生用品

奈米科技還可幫助人們「穿」得健康，台灣已將會放出遠紅外線和會產生負離子的兩種奈米級材料，一起跟纖維組合，紡成紗再織出具備保暖、抗菌、除臭功能的布料，然後做出各式衣服以及現在最熱門的商品——口罩；由於材料極微細，是包在纖維之中，所以不必擔心洗滌後會喪失功能。

人體細胞可直接吸收遠紅外線，作為攝食以外另一個吸收能量的途徑，因此遠紅外線可促進細胞活化，也可保暖；負離子則會抑制細菌成長，並把產生臭味的酸性物質中和。國外雖有類似產品，但用的都是纖維較長、較易紡紗的人工製品，做成衣服後透氣性較差；台灣原是紡織王國，經過研究，終於做出材質較細較好的天然纖維奈米布料，搶攻國際貼身衣物、襪子、手套、寢具市場。

另外還有奈米OK繃和痘痘貼，用的是一樣的原理，只是布料不用那麼細，因此可以增加遠紅外線和負離子材料劑量；鄭富仁表示，奈米OK繃和痘痘貼可以預防細菌感染，又可促進細胞活化，減少傷痕，是「衛材大革命」。

應用在高球桿頭　球飛得更遠

高爾夫球近年來成為一種時髦運動，中國砂輪公司副總經理宋健民指出，高爾夫球第一桿都要儘量求直求遠，桿頭愈硬愈平滑，可減少打出去的球旋轉，球就會飛得更遠。

過去人們在高爾夫球桿頭塗油，讓桿頭變平滑，但必須經常塗，而且會使桿頭看起來髒髒的；奈米高爾夫球桿頭是在桿頭表面鍍一層人工鑽石薄膜，用奈米級顆粒將顯微鏡下凹凸不平的桿頭鋪平，使桿頭變得堅硬而平滑。

奈米保養品

現代女性愈來愈重視美白、除皺、瘦身，但因人體皮膚具有保護作用，許多保養品會受到排斥，無法穿透皮膚進入深層發揮作用；而且塗在皮膚表面的保養品，也易刺激末稍神經造成過敏。

若用果酸聚合物做成大小不到 100 奈米的空心小球，將適當保養品裝在其中，就可穿過寬約 200 奈米的表皮細胞間隙，到達皮膚深層；只要事先計算得當，這些空心小球會在適當時機因經不起抗體持續攻擊而破碎，放出內裝保養品發揮功用，同時保養品也不會直接接觸皮膚表面造成過敏。

美容方面，奈米化妝品或藥物其細微之顆粒較傳統大顆粒塗覆吸收方式更易滲透皮膚，而順利到達欲作用之部位，此可加速療效及降低藥物劑量。奈米氧化鋅粉末用於美容美髮護理劑時，可吸收紫外線，避免紫外線輻射造成的皮膚傷害，且尚具滲透及修復功能。

奈米醫學

至於可被人體吸收的縫合線和骨釘也是奈米科技產物，硅石生技公司代總經理周祖銓表示，過去開刀縫合後要拆線，骨頭斷裂後植入的不鏽鋼骨釘也要再開一次刀取出；現在已可用奈米級玉米澱粉顆粒和類似葡萄糖結構的聚乳酸顆粒，混和做出會被人體吸收的縫合線和骨釘，讓傷者免去拆線或多挨一刀的痛苦。

醫學檢驗方面，奈米生醫晶片可取代傳統繁雜人工檢驗步驟，並可使檢驗平台微小化；奈米金粒子可利用其特殊的顏色變化來做驗孕、藥物成癮、肝炎、愛滋病毒及梅毒等之篩檢。在疾病治療方面，奈米醫藥不易使細菌產生抗藥性，可逐漸取代目前之抗生素；奈米技術可做定位給藥、顯微注射，用以消除人體內之癌細胞、病毒或細菌。

例如以糖衣包裹的奈米氧化鐵粒子，可躲過免疫細胞的吞噬而進入腫瘤組織，利用交換磁場技術而使氧化鐵停留於欲作用位置，藉由攜帶進入的藥物將腫瘤癌細胞殺死；具足球狀奈米結構的「碳六十」，可快速吸引愛滋病毒而與之結合，藉此用以減低病毒毒素，並阻止病毒之擴散，可提供治療愛滋病的另一方向。

奈米光觸媒

為因應SARS來襲，標榜抗菌、抑菌的「奈米口罩」大賣，但目前尚無研究證據證明奈米口罩可抵擋SARS病毒；另外在總統府使用「奈米光觸媒」消毒後，也帶動一片風潮，不過據業者指出，國內只有三家合法代理商律海、立天、微信有能力進行這種消毒工程。

市場出售的奈米口罩有三種，包括奈米光觸媒口罩，就是在口罩外面加上一層奈米光觸媒；另外兩種是國內公司自行研發，中華綠纖維是將會放出負離子物質做到奈米級大小，紅典則是將一種特殊抗菌陶瓷做到奈米級大小，再將這些微小粒子放進纖維中間，紡成紗再織成布。

負離子確定對抑制細菌有效，但對防止病毒是否有效沒有人能確定。目前還沒有人用抗菌陶瓷針對病毒做過實驗；勞工安全衛生研究所專家因此建議，平常戴奈米口罩可以，但若要去醫院這種高危險區域，最好還是戴N95口罩。

有關「奈米光觸媒」，目前證實奈米光觸媒對金黃色葡萄球菌、嗜肺退伍軍人桿菌等有殺菌效果；雖然未針對病毒做過實驗，但從前幾年起陸續花費5,000多億日圓在大樓、地下鐵、柏油馬路噴灑奈米光觸媒的日本，至今尚未傳出SARS病例，他認為這代表奈米光觸媒對病毒也有效果。

省電40%的DUBLE COOL冷氣機、冷陰極管、奈米TiO_2光觸媒開發，是一個相當具有挑戰性的科技技術，是過去未曾聽

到、未曾接觸的新技術。

奈米級照明科技已成為日光燈公司目前發展的重點政策。研發成功抗菌的奈米技術，應用在衛浴馬桶上，以攝氏 1,200 度高溫一次揉合燒成的頂級技術，達到好沖、好洗、無菌、無垢的境界。奈米小精靈，可以驅蟲、殺菌、淨化空氣、消除煙臭與促進新陳代謝。

光觸媒燈管，主要使用 365nm 及 254nmUV 燈管的光源來激發觸媒，當 UV 光照射在光觸媒鍍膜玻纖上會產生電子洞對，電子洞對與空氣中的氧氣及水接觸會產生氫氧自由基（OH），氫氧自由基可氧化分解空氣中有機物、消除臭味，還原水中無機物，氫氧自由基也可以抑菌和殺死空氣中細菌及病毒。

光觸媒燈管有幾項革命性的特點，包括具有好的廢氣處理能力、具有殺菌抑菌能力、具有使用安全性，比使用臭氧清淨空氣安全，比使用 UV254 殺菌燈管安全。比活性碳吸附濾網更，經濟方便，可以與照明燈具、家電產品結合，可以與空調清淨系統結合。

長久以來受到工業的快速發展及人為的破壞，直接或間接的造成生活品質急速惡化，尤其是工廠廢氣的污染及住家環境的過敏源、公共場所病毒的傳染，是最難克服的。由於奈米科技光觸媒燈管的研發，已成功結合照明工程及家電產品使用，未來台光公司在奈米科技研發重點將繼續朝可見光光觸媒燈管開發，及相關環保觸媒應用產品商品化努力。

古蹟與奈米科技

中國大陸最新的奈米實驗室成果，可望使有 2,000 多年歷史的秦兵馬俑擺脫黴菌侵擾。

新華社報導，西北大學奈米材料研究所所長祖庸透露，他們最新研究發現，利用溶膠與凝膠相結合的方法把新研製的奈米材

料製成一種透明的膠體，塗在文物表面，可以形成一種無機膜，使文物完全與外界隔離，有利於文物長期保護。

這位奈米專家解釋說：「這種奈米材料可以吸收紫外線，保護文物的顏色不變、材質不腐壞，還可以有效地排除蟲菌對文物的侵蝕。」在文物的周圍塗上這種奈米材料，還有利於降低空氣中有害氣體的含量。同時，新型奈米「無機膜」除了可以對陶質文物進行有效保護以外，還可用於絲綢和書畫等文物的保護。

陝西秦兵馬俑博物館館長吳永祺說，如何保護好兵馬俑始終是文物保護工作者重大課題。20 多年來，考古學家在兵馬俑考古方面取得進展，但在黴菌防治方面一直進展甚微。「最新技術有望實現中國考古人多年的夢想：讓顏色各異的秦俑得以長期保存。」

1974 年出土的秦兵馬俑，是 20 世紀世界上最重要的考古發現之一。這些兩千多年前用於陪葬秦始皇的地下軍隊，既有將軍又有士兵，而且神態各異，同真人一般大小。

但是，由於陪葬坑內的溫度和濕度有利於黴菌的生長，出土時色彩鮮豔的陶俑，受生存環境變化的影響和黴菌侵擾，表面顏色很快褪色。考古探測表明，在西安秦兵馬俑陪葬坑內有 8,000 多個陶俑，然而目前出土的僅有 1,000 多個。人們看到的兵馬俑大多都已鏽跡斑斑，呈陶土色，遠看灰濛濛的。

黴菌已經成為兵馬俑的「癌症」。已經在秦俑身上發現的黴菌多達 40 多種。為了不使更多的秦俑患上絕症，現已經放慢對秦俑的發掘速度。陝西省秦兵馬俑博物館於去年 9 月開始和比利時楊森公司合作進行兵馬俑防黴實驗，研究抗真菌藥物，目前研究尚在進行中。

銀河系中的奈米鑽石

在銀河系裡，有固體顆粒地方都可以觀察到大紅射線，但這

種神秘固體是什麼東西？中央研究院原子分子研究所研究員張煥正及天文所研究員郭新研究發現，這個神秘固體是奈米鑽石顆粒。

研究可以證實，奈米鑽石廣泛存在銀河系中，天上到處都是鑽石。這項研究成果已被《美國天文物理學雜誌》接受，很快就會刊登出來。神秘的星系紅光，即所謂「大紅射線」，是一種普遍存在於星雲及銀河外星系的漫射紅光，它的起源是天文學上長久以來未解之謎。

最新研究成果揭開了這個固體之謎。為模擬外太空條件，他們在實驗室中先以高能加速器產生的質子束去轟擊奈米鑽石，製造晶格缺陷。接著以攝氏 800 度的高溫加熱，再退火後得到螢光奈米鑽石。當這些鑽石微粒受到黃綠光照射時，會發出紅色螢光。令人驚訝的是，這些螢光的光譜與太空中所觀察到大紅射現非常相近。

奈米鑽石顆粒應該是在老舊恆星的周圍出生、長大，受到宇宙風吹拂在星際間旅行，它們穿過星系時，恰巧吸收恆星所發出的漫射光而放出璀璨紅光。

太空奈米鑽石的顆粒很小，需要排列 1,000 顆以上才等於人類頭髮的寬度，而要累積 30 兆顆以上才等於半克拉鑽石戒指的重量。太空中到處都是奈米鑽石，根據天文學家估計，僅僅在蝘蜓座附近，鑽石的總重量就有 10^{21} 公斤，約為月球 1% 的重量。但人類若要到太空中採集奈米鑽石，恐怕不符合經濟效益。

螢光奈米鑽石不但螢光、又很容易跟生物分子結合，如果它帶著藥物進到人身體裡面，醫生就可以觀察出身體內一些細胞對藥物的反應，有助於解決一些醫學上問題。

奈米農業

在農業生產方面，將物質奈米化工程應用於農藥時，可提升防治病蟲害效果，增加農產品之產能，若用於肥料，則有促進農

作物吸收養分之效果。在食品應用上，奈米化食物由於表面積大增，可提升養分吸收效率，強化營養物質之效用。添加具氣味加強劑之奈米顆粒於低卡路里食物，不但可使食物美味，又可不必擔心吃過多造成的肥胖問題，這對每年毛利高達三百多億美元之人類肥胖減重產業將具極大吸引力。

奈米建築

奈米化建材或塗料可具有防水、防火、自潔、質輕、環保、耐震及高強度等特性。應用奈米光觸媒的涼風扇、冷氣機及空氣清淨機等電器，由於奈米化顆粒的高化學活性，可增強光分解反應之效益，因此其淨化空氣、除臭、殺菌或抑菌等清潔功能極為優異。馬桶、洗臉盆、浴盆等衛浴設備之表面鍍有奈米級的塗料顆粒時，可填平傳統釉料的粗糙坑洞，使衛浴設備表面細緻光滑，除了可防髒污外，更能抑制雜菌繁殖。奈米碳管的低導通電場、高發射電流密度及高穩定性等特質，可作為省能高效率之照明設備。

在居家生活或工廠排放之污水處理方面，傳統處理方法在奈米科技加入後更是如虎添翼，例如奈米級淨水劑具有高表面積，可有效吸附污水中之污染物；奈米微氣泡技術突破傳統水處理技術，可大幅提升污水處理速率及效能；奈米鐵顆粒可將污水中之三氯乙烯分子進行脫氯反應，而轉變成生物易分解及低毒性之乙烯分子，且可將 Cr^{6+} 或 Cr^{3+} 離子還原成無毒性的 Cr 金屬。

奈米交通工具

奈米複合材料之使用，可使車體重量減輕、強度增強、抗熱、耐腐蝕。橡膠輪胎若摻入奈米碳顆粒，可增加輪胎之耐磨性與抗老化性，使輪胎壽命大增。在汽機車排放廢氣處理方面，奈米化之化學反應催化劑，由於具有極高比表面積，故具較強之催

化活性，可在短時間內將廢氣處理轉換成不具毒性的氣體。

　　舉例來說，奈米碳管能吸收戴奧辛，可有效處理空氣污染物；奈米金粒子催化劑可將一氧化碳轉化為無害的二氧化碳，將氮氧化物還原成氮氣及氧氣、催化水煤氣轉移反應及加速臭氧的分解；二氧化鈦奈米顆粒更是成熟的光觸媒，可應用於廢氣處理及空氣清淨方面。

　　至於空氣污染所造成的臭氧層破壞問題，目前的聚苯乙烯高分子奈米氣膠已經實驗證實可有效包覆破壞臭氧層的過氟萘烷，有助於維護地球之臭氧層。在烤漆方面，更能因為奈米的高抗性不易使烤漆掉落及刮傷。

　　此外，奈米能源技術的開發，可使人類免於依賴日漸枯竭的石油，例如以奈米觸媒技術將太陽的光能轉換成電能，並進一步以電能將水分解，產生繼石油之後無污染的新能源——氫氣，而奈米碳管則是具有高儲氫能力之材料，至於其他新能源技術發展如太陽能電池及固態氧化物電池等，都是奈米科技之應用。

奈米書籍

　　奈米高密度磁記錄材料可增加記憶儲存容量達傳統磁材的數十倍，而奈米光碟的超大容量更可達一般光碟容量的百萬倍，且能增加資料保存效能。傳統矽材料之電子電路技術為微米級層次，然當奈米技術引進後，非但可加速電腦晶片運算處理速度，更可加強省電效益。

　　由於目前半導體界所追求的是越來越細微之製程，然矽材或其他半導體技術終有其功能之極限，而奈米碳管的高傳輸速度與密度近年來逐獲青睞，極有取代現代電子設備之勢，或許未來全世界的電腦只需幾十台就夠用了。在印刷技術方面，奈米科技之導入可大幅改善油墨質地及印材設備，具有極細緻、精確的高品質色彩印刷。

一般紙張加入特殊奈米塗劑時，具有防水防油之功能，可延長書籍之壽命。紙張是印刷中最常用的被印材料，因此紙張品質的好壞直接關係著印刷品表現的優劣。傳統造紙的方法，是使用樹木、竹、麻等等纖維較粗的材料製成，因其纖維較粗，而塗料（如碳酸鈣等）、填充物（如高嶺土等）的顆粒較大，還有一些黏料等配料的性能不好等原因，使傳統的紙張存在著一些缺陷，如普通紙具有怕水、怕潮等缺點。

而平版印刷紙和靜電複印紙雖然有防水、防潮等功能，但書寫不方便，還有一些特殊的性能無法實現等等，從而影響了印刷品的品質。

近年來隨著奈米材料學的迅速發展，奈米技術在造紙工業的應用領域越來越廣，新成果不斷湧現。和製漿造紙中有關的便是奈米化學和奈米材料學，它促進了造紙工業的發展，奈米紙張也在積極的研發之中應運而生，使印刷品的品質再次提高。

奈米 3C

將半導體界成熟的奈米製程技術用於手機通訊晶片，可使通訊影音傳輸品質更快、更清晰細緻，且功能更多元化。奈米碳管可應用於場發射顯示器（FED），其成本相當於以往傳統映像管電視（CRT）之價格，但其影像顯示品質卻媲美高畫質數位電視（HDTV）之高解析畫質，並兼具重量輕、強度強而厚度薄之優勢，甚至可做成紙片形式，便於捲曲收藏及攜帶。

奈米化之電池隔離膜可大幅提升化學電解反應之效益，進而提供高容量之電池電力，用以延長手機、數位相機、數位攝影機、筆記型電腦或其他機器之待機使用時間。手機電磁波對人體健康威脅一直是大家關心的話題，而奈米化金屬粉末對電磁波之吸收特性，將可作為手機輻射遮罩之用。奈米銀原子團簇可在有機化學還原劑中有效還原成銀粒子，藉以提升相片感光品質及縮

短照片沖洗時間。

45 奈米晶片

2006 年 1 月 26 日英特爾公司宣布該公司為首家在 45 奈米（nm）邏輯製程技術上達到重大里程碑的公司。英特爾已經運用最新 45 奈米製程技術生產出據信為第一顆全功能的 SRAM（靜態隨機存取記憶體）晶片。45 奈米製程是英特爾下一代可量產之半導體製程技術。

這項里程碑意謂英特爾達成了預期目標，將於 2007 年開始以 12 吋晶圓製造新晶片，並且持續實踐摩爾定律，以每兩年的時程發表新世代製程技術。目前英特爾以領先業界的技術，運用 65 奈米製程技術量產半導體元件，目前已有亞歷桑那州與奧勒岡州兩座晶圓廠生產 65 奈米晶片，愛爾蘭與奧勒岡州的另外兩座晶圓廠也將於今年（2006 年）開始啟動生產線。

英特爾技術及生產事業群副總裁暨總經理 Bill Holt 表示：「我們率先邁入 65 奈米製程量產技術以及率先展示具備完整功能的 45 奈米晶片，充分展現了英特爾在晶片技術與製造的領導地位。長久以來，英特爾不斷致力於提升技術，並將技術轉化成為人們能共享的實質效益。我們的 45 奈米技術將提供發展基礎，協助業界推出具備更高「效能／功率比（performance per watt）」的電腦，藉此提升使用者經驗。」

英特爾的 45 奈米製程技術將讓晶片的漏電率比現今晶片降低 5 倍以上。這將有助於提高行動裝置的電池續航力，給予業者更多機會開發體積更小、性能更強的平台。每一個 45 奈米 SRAM 晶片內含超過 10 億個電晶體。雖然 SRAM 並非英特爾的產品線，但它成功地示範了推動採用 45 奈米製程的處理器以及其他邏輯晶片時，所需要的技術效能、製程良率，以及晶片的可靠度。在邁向量產全球最精密元件的進程上，這是關鍵性的第一步。

英特爾除了宣布位於奧勒崗州的 D1D 晶圓廠正開始發展 45 奈米製程技術的產能，該公司同時也指出正在興建位於亞歷桑那州的 Fab 32 以及以色列的 Fab 28 晶圓廠，這兩座高產能晶圓廠都將運用 45 奈米製程技術生產晶片。

奈米纖維及奈米纜線

奈米纖維在此指相對較短之纖維，包括碳纖絲（carbon fibrils）、人造高分子纖維、及氧化鋁纖維等；電紡（electrospinning）是製造人造高分子奈米纖維之方法，可結合奈米微粒或奈米管等材料於纖維中。工研院化學工業研究所正開發之電紡奈米纖維，其尺度約為人髮的 1/100。

奈米纜線則傾向為無機材質，包括金屬、半導體（如矽、鍺）及一些有機高分子，主要應用於電子工程。其製造主要有三個方式：1.微影蝕刻或拓印；2.化學成長；3.自組裝成長。奈米纜線之電子傳遞行為並不遵循古典電學，例如其電阻為一定值並不隨長度改變；應用於建構複雜之電路系統時，須挑戰之困難點在於纜線間之連結性。

奈米纖維可用於複合材料與表面塗布，達補強作用。Hyperion Catalysis International 正開發利用奈米碳纖絲，製造導電塑膠及薄膜，可應用在汽車之靜電塗料或電器設備之靜電消除；與傳統導電塑膠材料比較，達同樣導電效果所須添加之碳纖絲量較低，且材料表面亦較平滑。

電紡奈米纖維具強度提升與高表面積等特性，適合作為奈米粉體於催化應用上之反應床。奈米纖維可製成抗化學品、防水透氣、防污等特殊性能布料，在紡織服裝業上有廣大的市場；目前 Nano-Tex 公司已有開發之商業化產品問世。

奈米纖維可用為過濾材料及醫學組織工程之支架材料；在藥物輸送之媒介、感測器、奈米電機等領域，亦具應用潛力；此

外，利用其高表面積，可用以開發可撓式光伏特膜片，並進一步製成可穿戴之太陽能電池。

奈米纜線於化學與生物感測器上之應用，已有文獻報導，可預期近期商業化產品之出現；其他奈米纜線的應用，包括於氣體分離與微分析、可攜式電源供應器之催化劑、陶瓷微機電系統、幅射線偵測器、發光二極體、雷射、可調式微波裝置等。由於前述纜線間連結性之挑戰，目前奈米纜線於奈米電子工程之應用，仍處實驗室研發階段，商業化為長期化之目標。

奈米碳管

奈米碳管（carbon nanotube, CNT）是在 1991 年由日本 NEC 公司 Sumio Iijima，在以穿透式電子顯微鏡觀察碳的團簇（cluster）時意外發現，為石墨平面捲曲而成之管狀材料，有單層（single-walled）與多重層（multi-walled）兩種結構。奈米碳管的製程方式包括電弧放電、雷射蒸發／剝離、化學氣相沈積法、氣相成長、電解及火焰生成法等。

奈米碳管具許多特殊性質，如高張力強度（tensile strength～100Gpa）、優良之熱導性，及室溫超導性，其導電性則隨不同的捲曲方式而變，可為奈米導線或是奈米半導體；研究並顯示奈米碳管可吸附氫氣，惟其機制與吸附效能目前仍無定論。

奈米碳管由於其許多特殊的性質，為目前最熱門的材料之一，其應用可略分為以下幾類：

❶ 結構材料

由於奈米碳管之優異強度，高強度－重量比（strength-to-weight ratio）之新型複合材料之開發，可應用於汽車、航太、建築業等，在此方面的關鍵點為成本考量與均勻品質奈米碳管之量產技術。奈米碳管可用以製造導電塑膠及高效率幅射屏蔽複材，在紡織工業方面，亦具應用潛力。此外，若可克服技術及成本問

題，製成奈米碳管電纜，可兼具奈米碳管於結構強度與導電性之優點，將為能源運輸之一大突破。

❷ 電子工程

奈米碳管在量子效應下展現之電學性質，製成電子工程中之邏輯元件與記憶體，預期可巨幅提升電腦之速度與資料儲存密度，目前最大的礙障在於成本價格太高及奈米碳管連結技術上之困難。Nantero 公司已宣稱將於 3～5 年內推出基於奈米碳管之 1 terabyte NRAM（non-volatile RAM）。此外，奈米碳管之高導熱性，可以應用在奈米電路中高熱量之散布。

❸ 顯示器

碳奈米管具有低的導通電場、高發射電流密度以及高穩定性，極適用於場發射器。目前場發射顯示器（field emission display，FED）技術最廣受注目之開發為平面顯示器，已有不少企業，如日本 NEC、韓國三星公司，工研院電子工業研究所投入碳奈米管場發射顯示器之研發，其具影像品質佳、體積薄小及省電等潛在優點，預期將超越其他 FED 技術及 OLED（organic light-emitting diode），在未來平面顯示器市場上占有一席之地。此外，碳奈米管陣列之場發射可應用於電子束微影蝕刻技術，可突破此技術於平行量產上之瓶頸。

❹ 燃料電池

奈米碳管具吸附氫氣與碳氫化合物之功能，可以應用在航太與汽車工業上燃料電池的氫氣儲存槽。

❺ 其他

奈米碳管具彈性且細長的優點，可作為原子力顯微鏡（AFM）或掃描穿隧電子顯微鏡（STM）之探針，大幅提高解析度。碳米碳管的其他潛在應用，包括太陽能電池效能之提升、感測器之開發，及吸收式電磁遮蔽應用。

（四）奈米科技是第四次的工業革命

　　歷經前三波工業革命後，接下來的人類科技又將會邁入怎麼樣的一個新世界呢？「科技始終來自人性」，大家耳熟能詳的Nokia廣告標語在此作了最佳的註解。在追求輕、薄、短、小、快速及多功能的下一代電子產品同時，科技尺寸精準地往下推展到分子等級的奈米尺寸，人類不知不覺已進入下一波的工業革命。

　　近幾年來，分子層次的奈米科學一直是眾所矚目的科技新寵，隨著世界各國競相投入大筆經費在此領域之研發及訓練，奈米科學儼然成為新世代發展之趨勢，也被公認為21世紀最重要的科技產業，人類的第四次工業革命從此開展。

　　奈米科技的發展可追溯自諾貝爾物理獎得主費因曼（Richard P. Feynman）於1959年提出的概念：「如果有一天，人們可以按照自己的意志來排列一個個的原子，那將會產生怎樣的奇蹟呢？」

　　此夢想直到1982年瑞士IBM公司蘇黎士研究實驗室（Zurich Research Laboratory）的賓尼格（Gerd K. Binnig）及羅樂爾（Heinrich Rohrer）兩位研究員發明「掃描穿隧顯微鏡（scanning tunneling microscope, STM）」，及隨後1986年賓尼格和同事進一步發明「原子力顯微鏡」（atomic force microscope, AFM）後，物質之奈米結構特性才得以清楚觀察，而奈米的謎樣世界也從此正式揭開序幕。

　　經過三年餘的時間，在1990年時，IBM實驗室的伊格（Don M. Eigler）研究員利用STM在超高真空和極低溫的條件下，在鎳基板上操縱35個氙原子而成功排列成「I-B-M」三個英文字母，這是人類史上首次以自己的意志操控原子的排列。

　　同年7月，第一屆國際奈米科學技術會議在美國巴爾的摩港市（Baltimore）舉行，此為奈米科技正式獨立成為一門學科的里

程碑，更標誌著奈米科技正式誕生。

　　奈米科技之所以能在今日大放光彩，乃因物質於微小的尺寸下，其特殊之奈米結構會改變物質之基本物理化學性質，而異於一般大尺寸世界下之行為，例如力學性質、光學性質、電性質、磁性質、熱性質、表面性質等方面，皆會在奈米尺寸下展現出不同於大尺寸世界之特性。

　　舉例來說，一般巨觀的金塊是物化性極為穩定之物質，然當其尺寸縮小至奈米尺寸時，金粒子之表面原子比例大增，造成金粒子表面能量升高，而物理化學活性亦隨之大增，此特性可作為化學反應之活性劑或觸媒，而奈米尺寸下之金粒子，顏色會從金色變為鮮紅色，可用於驗孕試劑或其他醫學疾病之篩檢。

　　成分為二氧化鈦的「鈦白粉」是化學工業裡極為常見的白色顏料，然當二氧化鈦顆粒細小到奈米等級時，其特殊之奈米結構在受紫外線照射激發後，電子會由價電帶躍遷至導電帶，而形成的電洞與電子對會進一步與二氧化鈦周圍的水分子與氧分子，分別進行氧化與還原反應，而產生具化學活性之 $\cdot OH^-$ 及 $\cdot O_2^-$ 自由基，此特性有「紫外線吸收劑」之效果，可應用於美白化妝品，

　　而其「光觸媒」之效果，可運用於除臭、殺菌、去污、清淨空氣、淨水、發展新能源，甚至可用於食品添加物（已獲美國FDA 食品檢驗中心認可）。倘若我們能將這些奈米尺寸下獨特的奈米性質如具吸收、催化、吸附及輻射等特性加以強化、隔離並善加應用，相信奈米科技將會帶給人類更舒適美好的生活。

五 奈米把世界變天方夜譚

　　四季穿同一套衣服不用換洗、背著人工魚鰓水底悠游、戴副眼鏡夜間看書不用點燈，想像以下這些畫面：所有電器產品只要照射陽光就可運作；人類四季都穿同一套衣服，可維持適當體溫

又不需換洗；戴副眼鏡就在深夜不用點燈就能看書；背著人工魚鰓就可在水底自由呼吸，不受氧氣瓶時間限制。

在生物世界中，這些都沒什麼稀奇：植物葉綠素吸收太陽光產生能量，動物一年四季都穿同一套毛皮，貓咪在夜間視物有如白晝，魚類從不會在水裡淹死……。

「生物界有許多特殊功能，若要用物理或化學來解釋，很可能都是細胞分子、原子在奈米尺度下，自然做到的能量轉換、光線聚集、物質交換作用。」奈米國家型科技計畫共同主持人、中央研究院物理所所長吳茂昆勾勒奈米應用的遠景指出，「若人類能掌握這些作用機制，就有可能用人工方式，達到相同狀態，到時各種現在看來是天方夜譚夢想，就有可能實現。」

「奈米科技幾乎是為台灣『量身訂做』」，因為台灣和韓國是現在世界上製造業最強的國家，台灣許多傳統產業年來已懂得要追求具備更多功能、可提供更好服務的產品，奈米科技正好為這方面打開一扇門。

往後三、四年，奈米科技應該還是會在傳統產業領域有較多應用，未來高科技奈米產業會愈來愈蓬勃；根據國外估計，全球奈米產業產值會在 2010 年達到一兆美元。他強調台灣必須提出策略性發展措施，幫助奈米產業成功，否則問題會「非常嚴重」。

在可預見的未來，滾筒式及可繞式顯示器、半導體中用光取代電以減少能量損耗的光子迴路、可待機 50 天的行動電話微型燃料電池等，都有機會在工研院協助下，成為國內高科技奈米產業的先驅者；楊日昌預言，未來奈米科技會充斥在人類身邊所有商品之中，到時候世界變成什麼樣子將「無法想像」。

六 結論

奈米發展的時間表

迄今為止，在第三個千年的前夕，奈米技術產品已經出現在市場上了。如此，人們能夠購買由奈米碳管構成的更輕更結實的網球拍，乃至含有奈米粒子，更易滲入皮膚的化妝品。但是，我們仍然遠離將衝擊我們日常生活的奈米技術紀元。那種革命將在何時發生？我們何時才能夠充分地從奈米技術研究和開發進展中受益？預見各自不一。預測範圍從 2010 年至 2040 年，隨著從下至上的分子製造途徑的逐漸發展，所以我們能夠檢驗是否該理論能夠不受重大阻礙而付諸實施。

奈米科技所資本投入、責任

涉及到奈米技術發展的資本投入是大陸性的：美洲、歐洲及亞洲正在積極活躍地準備著持續不斷的開發，並將不會很快停止。在世界各地，人們對奈米技術的開發大規模投資。

由於極端分子的倫理原因或者是由於反世界末日的審慎，而企圖窒息這項正在成型的偉大後工業革命，都將是一個嚴重的戰略錯誤。因為前所未有的世界競爭將繼續發展，以及新的奈米技術超級強權可能出現，尤其是在亞洲。

因此，如果必須鼓勵奈米技術的開發，那麼必須在正確的方向上努力：保障措施必須建立，因為隨著所有重大技術的發展，新的潛力含有未知因素和風險，例如基於更小更致命武器的新的軍備競賽，對此我們必須關注。

Chapter 3

印刷奈米材料研發現況與展望

重點摘要：

2003 年是政府開始陸續推動有關奈米產業技術計畫的第一年，其產業落實目標鎖定在金屬機電、民生化工及電子資訊等三大產業；而印研技術研發即屬於民生化工領域。多種有關印刷的機材可經由印研中心相關奈米計畫的執行，由印刷適性觀點，協助並推動印刷用奈米複合材料的研究發展，使奈米應用技術能生根於印刷產業。

對於國內的傳統印刷產業而言，奈米技術是產業轉型的契機，也是提升傳統印刷產業附加價值的重要途徑。近年奈米技術興起，吸引產官學研紛紛進入印刷材料與技術領域，試圖開創奈米印刷材料技術發展新契機。但奈米技術仍屬新穎科技，印刷工業技術研究中心（印研中心）為國內印刷技術研究的先驅，有責任負起國內印刷技術研發重任；由於奈米技術在國內尚未廣泛運用於印刷產業，若能積極發展印刷奈米技術，可望加速提升印刷材料產業附加價值，達到奈米印刷材料產業高值化的目標。

一 奈米技術在藝術材料上的發展

目前奈米技術在印刷材料上已有進展，例如奈米顏料、奈米油墨、奈米紙張等。以國內而言，在印刷相關材料當中，以奈米顏料的研發最受矚目，實驗室已開發的奈米級顏料，與傳統顏料的區別在於顏料顆粒的大小，透過濕式分散技術的改良，奈米顏料已於 1997 年在美問市；而工研院化學工業研究所在顏料微粒化上也投入奈米技術研發，並於 2001 年正式驗證在實驗室產製的可行性與再現性。

在油墨上，美國的馬薩諸塞州 XMX 公司，已獲得用於製造油墨的奈米級均勻微粒原料專利，利用「奈米金屬微粒能對光波全部吸收而使自身呈現黑色，同時對光又有散射作用」的特性，添加到黑色油墨中，提高油墨純度和密度。另外，奈米油墨也可

應用在各方面印刷,例如印刷電路板的導電油墨、靜電複印的磁性奈米色粉、含有奈米化樹脂的UV油墨、玻璃陶瓷的印墨,及運用奈米微粒發光特性的防偽印刷。

在紙張上,奈米技術造紙的利用已進入實用性生產,例如中國大陸的河南銀鴿公司和華中師範大學奈米科技研究院,研製防水奈米紙張,具有超級疏水性和防潮、提高印刷表面強度、降低伸縮率的特殊性能。另外,在奈米級無機材料及澎潤性無機層材料,則已成功在造紙業推廣應用。

奈米技術並不僅限於顏料、油墨、紙張的研發,其他如非紙類被印材、印版也能應用奈米技術。然就目前印研中心的情況而言,實施油墨與紙張檢測多年,擁有龐大的油墨與紙張數據資料,對於油墨、紙張的特性分析具有優勢,所以先由油墨與紙張導入奈米技術研發,並於 92 年度與數家財團法人研發單位組成「奈米複合材料研發聯盟」,針對奈米油墨進行研發工作。目前國內只有極少數單位或公司在研發奈米級油墨,即使對全世界而言,奈米油墨仍是新穎的產品,如能研發成功,將對油墨、印刷產業帶來極大的震撼。

印研中心在奈米研發上的角色定位

21 世紀的奈米技術將對人類健康、財富和安全產生重大的影響,如同 20 世紀的抗生素、積體電路和人工合成高分子。根據清大教授馬振基的「奈米科技在化工及材料之產業調查」指出,國科會針對奈米科技的議題曾做過一份產業調查,在 125 份受訪問卷中接受調查的公司類別,以橡塑膠及化工業等傳統產業所占比例為大宗,而其中有95%的受訪公司表示對奈米有需求。這則訊息顯示往後奈米材料應用於印刷產業界的前景樂觀,並且對於印刷用奈米複合材料的研發更具有信心。

然而就目前印研中心人力、物力缺乏下,如何完成奈米印刷材料的研發是一大挑戰,要解決問題就必須從中心的定位著手。目前印研中心的定位為提升印刷技術、輔導傳統產業升級的研發單位,著重於技術應用層面問題的解決,因此,對於奈米材料,將以印刷專業觀點從事研究分析。未來著重在奈米油墨的黏度、抗分裂力是否適合印刷;也強調其印刷品上的耐候、耐磨擦、抗化學藥品、耐高溫、高濕、高壓及色彩的呈現情形;而對奈米紙張則著重在基重、白度、平滑度、撕裂強度、吸墨性等特性。

至於材料上的開發,則需由材料界奈米專家共同分擔此大任,以專業分工的理念從事研發工作,較符合經濟效益。

未來展望

以往印研中心常專注於色彩上的研究,對於奈米複合材料的研發,可以說是一項新的嘗試,與其他相關研發單位所組合而成的研發聯盟是一個很好的起步。計畫以後的研發過程中,將舉辦技術討論會與聯盟交流會,針對奈米技術提出建議並規劃方向。

協助輔導印刷業界應用奈米科技產品,將是未來印研中心的重點工作,因為奈米複合材料諸多特點,若印刷業者不知加以利用,就違背研發奈米印刷材料的美意。未來印研中心不僅應著重於奈米印刷材料的印刷適性研究,也將為產業界介紹奈米技術,讓業界人士有所了解,並從中提升技術,開發產業競爭力。

奈米印刷材料的研發,不只對少數業者有利,並且極有可能帶來連鎖效應,產生明顯的市場區隔,而消弭多年傳統業者的惡性競爭情形。同時,以奈米複合材料為重心的特殊印刷方式,更有益於印刷產業的發展,且有助於印刷產業外銷市場的拓展。

奈米 2008 年產值將逾 3,000 億

經濟部、國科會、工研院等擬定我國奈米產業發展策略已見

輪廓，預估2008年相關產業運用奈米技術的產值將達3,000億元以上，2010年產值更可達上兆元。

工業局、國科會和工研院曾在國科會舉辦奈米技術研發成果發表會，展示工研院、產業界等合作開發的各項奈米產品。

負責執行奈米產業輔導計畫的工研院指出，上述產值只包括各產業運用奈米技術產生的產值，相關運用所衍生的產值更可觀，工研院初做2008年的將高達1,959億元，衍生產值更可達3,919億元。目前包括聯電、台積電等半導體廠都已投入上述奈米製程的研發。

光電產業方面，工研院預估2008年的運用產值會達120億元，衍生的產值將達660億元。光子產業運用奈米技術會產生的產值則達2.5億元，衍生產值則可達460億元。

傳統產業運用奈米技術則以石化業的產值最為可觀，預估2008年可達270億元，衍生產值1,750億元。

目前包括工研院、紡織中心、塑膠中心及成大研究發展基金會等4個法人組成的輔導團隊，已輔導12項奈米應用技術，橫跨金屬機電、民生化工及電子資訊產業。

其中，較具成效的包括成大輔導奇美電子關係企業奇菱科技研發奈米水滑石，可提高TFT-LCD的重要材料PMMA之耐熱及抗UV特性，未來可望取代PC成為TFT-LCD背光模組的重要材料。

另外，工研院化工所則會導入無機奈米矽片在有機液晶的奈米Rigid-Rood基材中，可解決傳統微米尺寸的玻纖之外觀及效果不佳等問題。

企業界投入奈米研發的案例，還包括台塑的奈米碳酸鈣粉體、長興化工的奈米結構抗污塗料運用於機車外觀噴漆等。

三 日本奈米技術的發展現況

日本在奈米技術的基礎研究方面較晚於歐美國家，但在應用技術方面卻凌駕歐美。2000 年日本成立「奈米技術發展戰略推進會議」組織，制訂出國家奈米技術研發策略，並將奈米技術列為新五年科技基本計畫的研發重點。在日本國家奈米技術研發策略中，訂定有能源、奈米 IT、生命科學、環境四大發展目標，在這四大領域中，總計有 147 個研發項目。

而日本在超微細加工方面表現得相當突出，基礎研究也做得不錯，據推估 5～10 年後就能和美國相抗衡，目前則是在奈米設備和強化奈米結構領域坐擁全球優勢。

表 3-1　奈米技術的發展－日本

項目	說明	備註
．政府	2000 年日本成立「奈米技術發展戰略推進會議」組織，制訂出國家奈米技術研發策略。	並將奈米技術列為新五年科技基本計畫的研發重點。
．優勢	日本在奈米技術的基礎研究方面較晚於歐美國家。	但在應用技術方面卻凌駕歐美。
	日本在超微細加工方面表現得相當突出，基礎研究也做得不錯，據推估 5～10 年後就能和美國相抗衡。	目前則是在奈米設備和強化奈米結構領域坐擁全球優勢。
．目標	訂定有能源、奈米IT、生命科學和環境四大發展目標。	在這四大領域中，總計有 147 個研發項目。
．經費	2001 年度獨立行政法人的分配研究預算為 295 億日圓。	指定以奈米技術為核心的「材料」領域為四大新科學技術重點領域之一。

四 材料奈米科技在台灣之展望

美國國會評估「奈米科技」發展，自 1990 年 10 月起，歷經數月聽證與整理，得到的結論是『研發並利用奈米科技的公司與國家，將獲取龐大的利益』。

奈米科技開發材料新性質與元件微小化，使得以往視為科幻的科技正逐一實現，將改變人類未來生活型態。例如近日發展出多筆頭奈米塗布器（nanoplotter），將電路繪製提升至線寬 30 分子、高度 1 分子的奈米等級，並可用於 DNA 線路繪製；以及在矽晶圓上製造出運作速度 100 terahertz 之 switching arrays，將運算速度巨幅提升。諸如方糖大小的美國國會圖書館資料儲存晶片、掌上型超級電腦、自動調節溫濕度的服飾、微型人體自動監測與藥物供給機制等等，將指日可待。

材料是實現工業創新的必要關鍵。奈米材料所獨具的介觀性質，可跨越原有材料的侷限，為工業帶來嶄新的機會與發展空間。為掌控這波工業脈動，在奈米材料領域必須建立「能製造」、「能操控」、「能量測」、「能應用」的能力。

台灣在 3C 與人造纖維等產業居世界製造業的關鍵地位，任何用於 3C 與人造纖維的相關奈米材料，將立即直接地對世界產生衝擊。且國內已開發多種奈米材料應用於 3C 產業及人造纖維產業，例如無機奈米記錄媒體，奈米介面處理之電池隔離膜，以及電子被動元件等，顯然在此領域的成果，實與先進國家相距不遠。奈米材料科技投入此四項產業的應用，時效最短，衝擊最大，回收利益最高。倘若台灣未能即時且持續地將奈米材料科技投入產業應用，將導致與台灣的經濟命脈息息相關的四項產業，喪失原有的生產優勢，失去國際市場的競爭力。至於世界各國正大力推動的生醫工程與奈米元件，解決台灣污染嚴重、能源缺乏

的環境保護與高效率能源，亦是台灣必須持續關注的領域。

工研院材料所成立近 20 年來致力於提升與創造台灣產業，深獲業界的肯定。善用與台灣產業互動的經驗，結合院內已投入奈米材料科技研發的各領域人才，加強奈米材料科技的應用研究，當屬責無旁貸。而與資訊、通訊、電子和人造纖維相關的奈米材料，將是最有意義的努力標的。

五 新世代的產業革命——奈米科技

可預期的重大衝擊

奈米科技，是公認現今最有可能使人類發生劇變的十大技術之一，不僅使科學與技術領域創造新事物的可能性，變得無可限量；由經濟面觀之，奈米科技所產生的新材料、新特性及其衍生之新裝置、新應用及所建立之精確量測技術的影響，正遍及儲能、光電、電腦、記錄媒體、機械工具、醫學醫藥、基因工程、環境與資源、化學工業及國防兵工等產業，逐步成為僅次於矽晶片製造的世界第二大製造業，對人類的未來將會產生重大的衝擊。

奈米科技的發展潛力，在於超越特性極限並提升新材料的研發效率。例如將美國國會圖書館資料儲存體積縮小成一顆方糖尺寸大小、繪製精度達 30 分子寬、1 分子高的奈米等級積體電路或 DNA 生物分子線路、發展運算速度是現有電腦的百萬倍之掌上型超級電腦所需的每秒百兆次的陣列式邏輯開關、廣泛應用烤麵包機大小的高效能儲氫燃料電池作為動力來源以實現零污染的汽車世界等，這些現今科技所無法達成的機能和特性極限，正隨著奈米科技的發展逐步實現。同時，在此現有科技發展面臨瓶頸，研發速率趨緩之時，奈米科技提供了跳躍式創新的機會，大幅提升研發效率。所以奈米科技不僅衝擊強化人類社會，同時亦

強化國家競爭力，讓研發並利用奈米科技之國家的經濟飛躍發展。

牽動全科技的影響面

1959 年諾貝爾物理獎得主 Prof. Richard P. Feynman 於美國物理學會年會上"There is Plenty of Room at the Bottom"的演講中提及：「⋯物理學的原理並沒有否決原子層次上製造東西的可能性，這並不牴觸任何定律，⋯依我看來這項發展（在原子層次上製造東西的）是無可避免的。」然而直到 1980 年代，由於分析儀器的進步，電子掃描穿隧顯微鏡（scanning tunneling microscopes, STM）、原子力顯微鏡（atomic force microscopes, AFM）及近場光學顯微鏡（near-field microscopes, NFM）等的發展，方提供了奈米尺度分析及操控原子、分子所需的眼睛及手指。當 1989 年 Dr. Eigler（IBM, California）以掃描穿隧顯微鏡（STM）在低溫下於鎳的表面，將 35 個獨立的 Xe 原子排列成 IBM 三個字母，至此，人們操控原子、分子的能力已然確立。

諾貝爾物理獎得主哥倫比亞大學 Prof. Horst Stormer 說：「奈米科技給了我們工具，去把玩原子與分子──大自然的極致玩具。萬物由其組成──創造新事物的可能性將無可限量。」；美國總統科技顧問 Dr. Neal Lane 在 1998 年於美國國會聽證會提及：「如果問我科學與技術領域最可能產生的明日之星，我會指向奈米科學與技術。」；正式揭櫫了奈米科技時代的來臨。

在這波全球奈米化的洪流中，未來產品設計將力求微小化，欲將目前已發展成熟之毫微米元件，進一步開發成體型更小、傳輸更快、記憶更大、功能更多之下世代產品，則現有材料與技術將逐漸面臨臨界問題，傳統元件由大至小的製造模式亦不再適用，需更有效率地由個別原子或分子經 Self-assembly 及奈米製造技術來生產具特殊能態、性質與功能之奈米元件。同時，奈米科技雖緣起於操控原子、分子的能力，但其組成所展現的特性則涉

及物理、機械、化學、材料、電機、電子、醫學與生物等各領域，將開啟一個全科技統合化與融合化的時代。

刻不容緩的卡位戰

有鑑於認知奈米科技為下次產業革命的基幹技術，世界各先進國家，皆積極投入奈米科技研發，以確保科技優勢與經濟利潤，強固國際市場的競爭力。其中，美國揭櫫奈米技術為下一波產業革命的戰略技術領域，並以其具壓倒性優勢的「資訊」與「生物技術」與奈米技術融合，成立的國家計畫已於 2001 年投入高達約 5 億美金的研發費用；日本則指定以奈米技術為核心的「材料」領域為 4 大新科學技術重點領域之一，編列 5 年預算330 億日圓推動產學官研究開發；此外。歐洲、加拿大、澳洲、蘇聯、新加坡、韓國以及中國大陸等，亦皆競相投入。

綜觀世界各先進國家對奈米科技研發的競相投入，除了奈米科技本身的誘人前景外，其令人吃驚的發展速度更是引起國際注目的主因。為了在這場新世代的產業革命中搶得先機，世界各先進國家無不積極投入，以期在此領域站穩「Front Runner」地位。

表 3-2 為目前世界各先進國家在奈米科技各領域的研發成果比較，台灣則僅在深次微米 IC Nanodevices 一項緊緊跟隨在後。

台灣經濟成長，在面臨勞動生產力與資本生產力成長趨緩的情況下，科技發展已成為經濟發展的重要關鍵。在政府獎勵高科技研究發展及產業政策引導下，產業結構已由過去的農業時代轉向製造業、服務業為主的時代，而製造業更在不斷的投入研發與提升技術下，轉向以技術密集為主的高科技產業。面對這一波以奈米科技為核心的產業革命，台灣產業若未能即時投入，將在未來十年內，逐漸喪失與國際新世代產業潮流的連結與互動，值此國際奈米科技競爭萌芽階段，如何善用有效資源，適當投入奈米科技研發，實為國家高科技發展策略之重要議題。

表 3-2　世界各國在奈米科技領域之研發成果比較

Level Activities	1	2	3
Synthesis & Assembling	U. S.	Europe	Japan
Biological Approach & Application	U. S./Europe	Japan	-
Dispersions and Coating	U. S./Europe	Japan	-
High Surface Area Materials	U. S.	Europe	Japan
Nanodevices	Japan	Europe	U. S.
Consolidated Materials	Japan	U. S./Europe	-
Chemical	U.S./P.R.C.	-	-

六 奈米材料科技

奈米現象與定義

材料尺度由微米到奈米，並不只是尺寸的縮小，新而獨特的物質特性將因材料奈米化而出現。例如：將矽原子取代鑽石結構的碳原子形成的高表面積介觀孔徑（mesoporous）新材料，其熱傳導係數僅為空氣的 65%，隔熱效果奇佳；在此材料其上放置一朵扶桑花，底部以 800℃ 的本生燈火烤數十分鐘，花朵仍嬌豔如昔，如圖 3-1。

Quantum Mirage（圖 3-2）是 IBM 公司研究人員發現之有趣的實例，將 36 顆鈷原子於銅基板擺成橢圓形，再將一個磁性鈷原子放置於橢圓形之一個焦點，可在未擺鈷原子的另一焦點偵測到電子能態（Electronic States）訊號，若將此磁性鈷原子放置於其他位置，則無此異相。

其實奈米效應與現象長久以來即存在於自然界中，並非全然

是科技的產物，蓮花之出淤泥而不染即為一例。圖 3-3 中水滴滴在蓮花葉片上，形成一顆顆晶瑩剔透的圓形水珠，而不會攤平葉片上的現象，即為蓮花葉片表面的奈米結構所造成。因表面不沾水滴，污垢自然隨著水滴從表面滑落，此奈米結構所造成的蓮花效應（Lotus Effect），已被開發並商品化為環保塗料。在奈米科技的發展過程中，不難發現師法大自然奈米效應的痕跡。

圖 3-1　扶桑花

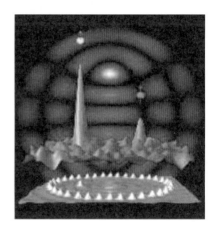

圖 3-2　Quantum Mirage

　　茲將其他已發現的眾多奈米現象，茲部份摘錄整理於圖 3-4。
　　奈米科技是用各種方式將材料、成分、介面結構等控制至 1～20 奈米的大小，並能改變操控，觀測其物理、化學與生物性質隨之而來的變化，並應用於產業。奈米現象出現於尺度為 1～20 奈米左右的顆粒、孔洞、管狀、薄膜介面等結構，正是 Debye Length 及室溫移動電荷波長的範圍，將出現有效電子的量子效應。可能發現新能態、新性質、獨特性質與這些性質的綜合，與巨觀性質或其原子、分子的微觀性質迥異，稱為介觀性質（mesoscopy）。此介觀性質可能是物理的（光、電、磁等）、化學的或生化的。這些新而獨特介觀性質的運用，將為產業運用帶來新

機會、新產品、新品質，對產業的影響既深且廣。

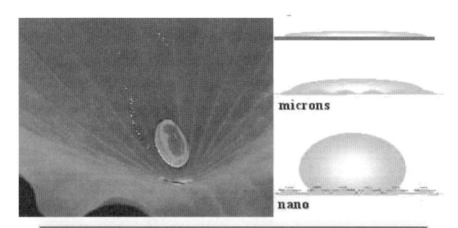

圖 3-3　蓮花表面奈米結構的露珠效應

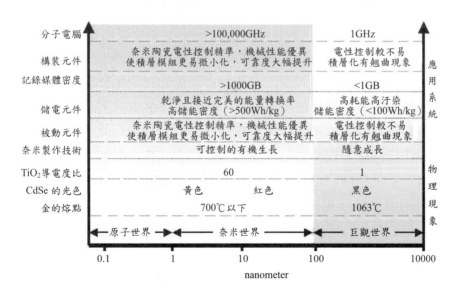

圖 3-4　奈米現象

從奈米材料出發

材料在人類社會文明的變遷中，扮演著舉足輕重的角色。由只懂直接利用天然材料的遠古石器時代，演進到能從天然材料中萃取必要成分利用的青銅、鐵器時代，再進而合成自然界裡沒有的物質（如塑膠），人類的生活型態與社會活動，無不隨著使用材料的功能化與多樣化而變遷改善。

18世紀末以來，蒸氣機與內燃機的發明，引發了產業革命，隨著機械動力的急速提升，帶動了各式製造業的大量材料需求與運輸流通，人類文明與材料的依存關係更加密不可分。1950 年代中期以來，科技的蓬勃發展帶動另一波生活與社會結構的重大變遷，高功能性與更多樣化的複合材料不斷被開發，伴隨著科技的驚人成長，造就了以電腦、電子、資訊、網路為基礎的新世代，材料特性更成為工業創新的必然關鍵。然而，延續自產業革命以來大量生產與大量消費的生態，正逐步使大自然的資源枯竭，地球環境亦蒙受科技有害副產品之嚴重破壞。

人類文明演變至今，資訊無疑將是未來社會活動的主要型態，資訊活動或將不再需要材料的大量使用與流通。然而資訊需藉由特定系統與材料儲存，且在此資訊豐碩與環保意識覺醒的時代，短小輕薄、儲存密度高、運作快速並符合環保需求的資訊活動工具將成為主流。為符合這些需求與限制，勢必開發出具更高功能性或特殊性質的材料，而奈米材料獨特的介觀特性深具超越現有材料特性極限之潛力，無疑為此提供了完善的解決之道。領略材料與文明演進的依存關係，掌握其特性改良對產業的衝擊性，結合奈米科技的創新能力，將是推動奈米科技的最佳選擇與起點。

引發近年來奈米科技蓬勃發展之主因，部分在於對單一奈米尺度結構的量測與操控能力之提升，使得材料合成與製作得以精

確地掌握。同時伴隨著奈米材料迥異於前的介觀性質，量測技術勢必擴展與提升，以作為後續探索與研發的視窗。唯有當奈米尺度的現象與特性，能經由量測確實的描繪，而據以作為材料製作合成的改善依據，方足以真正操控材料特性，並發展至產業運用層次。而材料是實現工業創新的必然關鍵，由此出發，開發高附加價值的產品，是奈米科技得以生根的著力點。

基於此認識，奈米材料技術可分成四部分，如圖 3-5：「造」——奈米材料製作與合成；「控」——奈米特性操控；「量」——奈米特性檢測；「用」——奈米成型／元件與運用。為掌控這波新產業脈動，台灣在奈米材料科技領域必須儘速建立「能製造」、「能操控」、「能量測」、「能應用」的技術能力。而「造」、「控」、「量」、「用」技術能力環環相扣，關連性極強，需要跨領域的人才，方能高度整合，產生最大的效果。所以「人才培育」是奈米材料科技研發成功與否的關鍵。

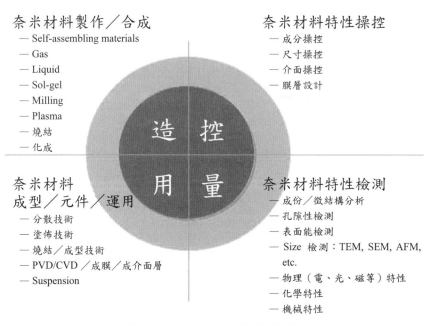

圖 3-5　缺一不可的技術掌控

七 台灣奈米材料科技研發與產業現況

奈米材料科技欲在台灣生根,必須結合上游的基礎研究、中游的應用研究與下游的產業運用,並對台灣的現況有深刻的了解,方能選擇適合台灣奈米材料科技發展的領域。

國內奈米材料科技研發現況

由國科會近日提出的「奈米材料研究展望」文中,可了解國內各大專院校在奈米材料的研發概況。大體而言,國內的相關研究也相當熱絡,且日受重視,亦有相當成果,如:台灣大學彭旭明教授在分子導線上的研究,台灣大學牟中原教授在奈米孔洞管中管材料的合成技術等,皆曾受到國際的重視。然而,國內大專院校的研究大多仍以個別的學門為架構基礎,除少數整合型計畫外,多屬個別研究,缺乏學術與產業跨領域的整合。近年來,透過研討會、座談會的方式進行交流,形成共識的機率相對增加。再加上國科會自然處、工程處自 1999 年開始籌劃奈米材料的整體規劃,及教育部的卓越計畫,相信國內將逐漸出現大型整合計畫。

國科會在奈米材料尖端研究的六項推動重點為:功能性奈米元件(functional nanodevices);高表面積材料(high surface area materials);奈米顆粒及超晶格(nanoparticles and superlattice structures);超分子化學(supramolecular chemistry);介觀物理及化學(mesoscopic physics and chemistry);及奈米探測技術(nanoprobe techniques)。

此外,中央研究院在奈米粉末、奈米碳管、奈米光電元件及其他奈米材料的研究已投入多時。中山科學研究院亦早已進行奈米顆粒的合成技術開發,主要應用於光觸媒、塗料及鍍膜等。

工研院在多項科技專案及廠商合作計畫中，亦已默默地研發運用了奈米材料科技，以突破傳統功能瓶頸，如 ARMI 記錄媒體、奈米流體、低介電構裝材料、奈米層狀複合材、薄膜晶片模組、及奈米碳管等，其中部分成果已成功轉移產業界。

台灣產業的特殊性

台灣產業 50 年來的經營，造就了資訊、通訊、電子 3C 產業與人造纖維產業居世界製造業的關鍵地位。但其中如電子零組件與人造纖維產品在某些領域產量雖占世界數一數二，然產值卻偏低，所生產的多屬中低階產品，高附加價值重要關鍵材料仍仰賴美日進口，顯示此四產業結構的上游高級材料供應，仍是產業提升與版圖擴充的瓶頸。

奈米材料所獨具的介觀性質，可跨越原有材料的侷限，為台灣掌控高附加價值的產品設計與研發帶來嶄新的機會與發展空間。且國內近年來，亦早已投入運用於此四產業之材料開發，挾持台灣原有產業的中下游基礎結構（infrastructure）與通道之優勢，將可立即而直接地對世界產生衝擊，並為台灣上游材料產業帶來新契機，改善產業上下中游體質與結構，鞏固此四項產業在世界持續領先的地位。奈米材料科技投入此四項產業的應用，時效最短，衝擊最大，回收利益最高。

倘若台灣未能即時且持續地將奈米材料科技投入產業應用，將導致與台灣的經濟命脈息息相關的四項產業，喪失原有的生產優勢，失去國際市場的競爭力。

同時，奈米科技在能源、機械、生醫、化工和環保等領域的廣泛運用，亦是國家高科技發展政策之重要議題。其中生醫工程與奈米元件對人類生活品質有即刻的衝擊與改善，是世界各國正大力推動的產業。而環境保護與高效率能源更是地狹人稠、污染嚴重、能源缺乏的台灣急切需求的重要課題。台灣對此四產業亦

應長期研發，逐步建立與提升此四產業，俾使台灣跟上世界的腳步，更能改善台灣生活品質。

政策推動與資源整合

儘速將奈米科技應用於優勢產業，縮短研發成果商品化之時程，以因應市場全球化，是產業競爭日趨激烈趨勢下的首務之急。而深植奈米材料技術，為高科技產業長期發展建構良好環境與優勢，則為使台灣晉身於國際奈米科技先進國家之林的要件。

近年來，美、日、歐、韓以及中國大陸等各國政府，紛紛以大筆經費投入奈米材料技術研發，其中部分技術項目之材料性質，除驗證超過目前產業用材料技術指標及相關產品規格外，更可能對未來相關產業技術發展產生深遠影響。民國 89 年行政院科技顧問會議，將奈米材料列為台灣未來科技發展重點。民國 90 年初行政院召開第 21 次科技顧問會議，更將奈米技術列為未來五項新興高科技產業發展策略性焦點項目之一。

為協助學術界及研究機構建立相關技術研發及應用基礎，以進行深入開發技術，並使產業儘快應用奈米材料技術以提升該產業技術之國際競爭力，政府應將科技資源有效整合與合理分配，建立產、官、學三方溝通交流之窗口與機制，以強化及整合現行國內外已有之奈米基礎研究與目前台灣相關產品／零組件／原料之關係，使有限的經費能發揮最大的效益，將奈米技術深植台灣奈米科技產業。

八 工研院材料所在奈米材料技術的現況與實施策略

工研院成立 25 年來致力於提升與扶持台灣產業，深獲業界

的肯定，與產業互動良好。對產業脈動的深切了解，是眾所皆知的。工研院能善用與台灣產業互動的經驗，結合院內已投入奈米材料研發的各領域人才，著重奈米材料科技的應用研究，並加強與台灣產官學研各單位的合作，致力將奈米材料科技融入台灣的產業環境中，使得奈米材料科技確實在台灣生根，當屬責無旁貸。

技術現況

工研院材料所已運用奈米材料科技的概念於多項開發計畫中，並推廣應用於台灣資訊、通訊、電子 3C 產業和人造纖維產業。各項開發計畫的成果，無論在尺度上或功能上皆已屬奈米材料科技的層次，顯示在此領域的成就，實與先進國家相距不遠。而與 3C 產業和人造纖維相關的奈米材料，也將是最有意義的努力標的。

近年來，材料所在材料奈米技術領域之「操控」與「應用」能力，已引起國際先進奈米研發機構之注目與重視。材料所開發之材料奈米技術，如無機奈米記錄媒體、奈米介面處理之電池隔離膜、奈米流體以及電子被動元件等，成功地應用於 3C 產業及人造纖維產業。這些成果，不僅提升了台灣產品在國際市場的能見度與占有率，其在材料奈米技術之「操控」與「應用」的傑出表現，更吸引了國際先進奈米技術研發機構來台積極接洽，與材料所進行國際技術合作與交流。

目標規劃

在以奈米科技為基幹的下世代產業革命中，企求維持台灣的經濟與科技競爭力，端賴能否將奈米科技深植於台灣。由基礎環境（Infrastructure）建構開始，逐步建構軟體（人才、技術）、硬體（儀器設備）兼具的奈米研發環境，同時彙集台灣資訊與資源，結合各界奈米科技研發團隊與能量，以台灣具相對優勢之產

業為起點，致力開發具產業關鍵性創新應用技術，帶動產業創新與擴大產業效益，再進而推廣到其他產業之應用，方足以讓奈米科技於台灣生根，這也是材料所在奈米材料技術的規劃藍圖。

具體的規劃目標上，則以材料所既有之 Domain Knowledge，運用奈米材料及奈米研發團隊為建構平台，結合台灣產、官、學、研各領域之奈米科技研發團隊，建立在材料奈米技術的產業技術研發能力；並由 3C 產業為起點，開發推動奈米科技在各產業的應用，提供跳躍式創新以突破產業瓶頸，依序達成如下目標：

❶近程目標（第一至五年）

建立奈米材料的製造、特性檢測、特性操控、特性應用的能力及研發設備的設計及製作技術。應用奈米材料開發數種 3C 關鍵產品。

❷中程目標（第六至十年）

發展重點在奈米材料量產製造所需之製程、設備、環境技術的開發驗證。應用奈米材料發展 3C 重要產品，並進入民生、化工、生醫與環保等產業。

❸遠程目標（第十一至十五年）

以奈米材料技術及奈米研發團隊為平台（Platform），促進台灣產業全面提升。

實施策略

面臨世界正推動快速更迭的奈米材料技術，材料所也已開始整合所內資源，全面規劃奈米材料的技術發展。

❶建構奈米科技研發中心

建構奈米技術研發開放實驗室，服務產、官、學、研奈米研發，落實國家高科技資源在硬體的精準投資。同時匯集國內外相關資訊，結合國內研發團隊，引導奈米材料研發重點方向。

❷ 強化國際交流合作

　　基於對等及互補的原則，材料所積極與國際先進奈米科技研究機構進行技術交流合作，結合這些先進的研究機構，將能使材料所的材料奈米技術研發，在「量測」分析與「製造」能力上得到加強，也將使台灣在「操控」與「應用」的能力與智慧財產權，受到國際上的認可與尊重。此舉有助強化我國奈米科技與世界先進國家之對等性與互補性，再藉助與先進國家之對等互補性，助長國際合作，縮短研發時程，進一步使台灣在全球奈米技術產業與經濟的洪流中，適時站穩關鍵製造業的地位，以發揮不可忽視的影響力。

❸ 加強國內分工合作、促進產業應用

　　奈米材料科技是一整體性科技，需要結合跨領域的研究，除了打破學門之間的壁壘，加強不同領域間的調和外。同時應配合產業與市場需求，引導學術研究方向，促進國內產、學、研三方的資訊交流與合作，以集中並快速累加奈米科技基礎研究的知識能量。落實奈米材料科技在國內產業應用。

　　做法上，藉由舉辦國內外技術資訊交流研討會，掌握國內外最新之研發狀況，並促進學術界互訪研討，強化國內研發團隊間之合作交流。此外，積極鼓勵產業界參與奈米科技的研發活動，以產業應用的角度引導研發方向，加速技術移轉以創造產業利潤，主動儲存奈米研發能量與資源，建立產、學、研生生不息的良性互動體制。

　　此外，為達成應用材料奈米技術以提升台灣產業之目標，高投資效益與利潤創造當為首要評估考量。然而值此國際奈米科技競爭萌芽階段，適時且有效的智權卡位與智權佈局，則是確保投資效益與利潤之最優先工作。因此，如何將奈米技術研發與智權卡位佈局有效的結合，亦為重點工作項目之一。

❹ 培育奈米技術人才

發展奈米科技需要高度跨領域的領導人才、系統工程人才與各種專業人才，方能整合產生最大的效果。所以說人才是深植奈米材料科技的基石，更是研發持續的關鍵。應重視研發人才培養及應用研發能力養成之基礎結構（Infrastructure）建立，以「人才培育」貫穿整體發展策略，使環環相扣，真正達到匯集產、官、學、研之動能，全面性提升國家產業競爭力。

材料所除了進行專業人才的招募、及舉辦技術及資訊交流研討會，建立院內、外技術及人才的交流。也透過國際合作交流的管道，利用國外技術合作、國內實做的方式，由國際先進研究機構之協助，代為培訓合格的檢測、分析技術人員，加速進行奈米技術人才的培育。

九 結論

在全球自由開放的環境下，國際間各級產業將面臨更激烈的競爭，為提升其競爭力，人、財、貨、資訊的流通也必須更自由化及國際化。在這個自由、競爭的大趨勢下，如何繼續提升國家競爭力，確保經濟發展，成為 21 世紀最重要的挑戰。

科技是競爭力之關鍵因素，諾貝爾經濟學獎得主顧志耐（S. Kuznets）教授指出，人工及資本累積對平均生產力之成長率貢獻不到十分之一，經濟成長的主要來源是技術進步。全球著名策略與競爭力大師哈佛大學波特（Michael E. Porter）教授在「國家競爭優勢」（The Competitive Advantage of Nations）書中指出，在全球競爭激烈的世界，傳統的天然資源與資本不再是經濟優勢的主要因素，新知識的創造與運用更為重要。麻省理工學院（MIT）教授梭羅（L. Thurow）在其名著「世紀之爭」（Head To Head）及「資本主義的未來」（The Future of Capitalism）均指

出，「技術」是人造的競爭優勢，是下一世紀國家競爭力的基礎。日本國土不大，缺乏天然資源，石油、鐵礦等均需仰賴進口。但在 1980 年代時，高科技產品卻在世界崛起，使地大物博的美國備受威脅，日本全國上下、民間企業與政府全力投入研究發展是重要因素。

2001 年 7 月 31 日，麥可‧波特呼籲台灣政府及工商界，在新經濟時代中，不應再沿襲過往透過投資驅動（Investment driven）經濟成長模式，而應轉變透過創新（Innovation driven）帶動新一波的經濟成長。面對未來世界的新經濟型態，波特認為，大量投資不再能保證經濟成長，未來是否具備創新能力，才是決定經濟持續成長與否的關鍵因素。

奈米科技與產業的成功結合，被預期將激發新世代的產業革命，因奈米材料所獨具的介觀性質，可跨越原有材料的侷限，為產業帶來嶄新的機會與發展空間。然而尚處萌芽期的奈米科技，其介於微觀和巨觀間的介觀性質，尚待開發、創新與跨越全科技領域的整合，恰提供台灣尋找產業替代性創新技術之新契機。妥善掌握此契機，致力推動產業創新能力以驅動經濟競爭力，同時有系統的深耕產業，是確保台灣經濟持續成長之要徑。工研院材料所累積多年協助產業技術升級與奈米研發的經驗，對台灣奈米科技發展提供淺見，期對台灣以高科技研發帶動經濟發展略盡棉薄之力，並深切期望台灣產、官、學、研凝聚共識，為台灣下世代經濟命脈深耕播種。

✦ 改變戰爭面貌　奈米更勝火藥

❶ 材料、元件歷來最細微人工製品，影響武器、通訊及士兵作戰

奈米技術已使戰爭徹底改觀。奈米技術材料和元件是有史以來最細微的人工製品，現在已經在伊拉克戰場上派上用場，美軍

通訊系統和武器中已有奈米技術材料和元件。

　　但奈米技術材料和元件在伊拉克戰場上所扮演的角色仍然有限，因此後世可能覺得美伊戰爭是世上最後一場不使用奈米產品的戰爭，而不是第一場廣泛應用這種產品的戰爭。

　　奈米技術分析師艾倫波根說：「大部分可以起重要作用的產品目前還在研發階段。」

❷一奈米相當於十億分之一公尺，大約只有一顆分子大小。

　　美國國防部對奈米技術非常感興趣，過去 20 多年間都很支持這方面的研究。預料美國國防部在本會計年度花在奈米技術研究上的經費將高達兩億 24,300 百萬美元。美國聯邦政府奈米技術研發預算則為 77,400 百萬美元。

　　奈米技術吸引人的地方是假如一般物質如碳等縮小到奈米尺碼，就會出現一些很特別的特性，或強度變得超大。

　　主持美國國防部基本研究局事務的國防部副次長拉伍說，奈米技術比火藥的發明更能改變戰爭面貌。他說，武器、通訊及士兵作戰的每個方面都將受奈米技術影響。

　　美國陸軍對奈米技術寄以厚望，希望可以利用這種技術製成防水、輕便且如裝甲的材料。但麻省理工學院兵士奈米技術研究所所長湯馬斯說，這種材料可能要過一個世代才會出現。至於比較實際的想法，如製成可以快速偵測多種化學和生物武器的手提裝置，則可望在兩年內實現，新產品則在兩年後開始初次部署。

　　湯馬斯說，美國軍方已決定撥款 5,000 萬美元充當麻省理工學院這方面的 5 年研究經費，麻省理工學院本身的贊助和業界的捐款加起來也和這個數目相當。

　　但奈米技術也有比較平凡的一面，例如海軍船艦鍋爐管線的外層塗料以及掃雷艇傳動軸的外層都已使用奈米技術產品。這些塗料比傳統產品更有彈性，微粒也較小，因此也比較耐用，也比較能在極端惡劣的環境下耐久。

　　國防部已開始採購的奈米技術產品還包括一種火箭燃料添加劑，使飛彈和火箭的速度提高，據說這種產品還可以加大射程。

Chapter 4

奈米材料技術

重點摘要：

一 何謂奈米科技？

從年初開始，「奈米」或「奈米科技」的字眼就大量出現在報章雜誌上，不只出現在科技版，甚至出現在國家重大經濟政策宣示中，尤其是報紙的財經版幾乎每天都會出現這個特別的「新名詞」。

到底什麼是奈米科技？有些財經報導將他描述成這個世紀點石成金的法術，有些科普雜誌把他勾勒的有如科幻小說，甚至連中油高廠更新計畫都插上一腳（到目前為止還不確定是記者的推測或者是事實）。為了讓會員了解這個可能與中油未來發展相關的新興科技領域，工會希望以比較平實的角度整理相關書籍、文獻與報導讓會員能更了解奈米科技。

量變造成質變

可能有人會問，世界上所有的物質都是原子構成，難道不同尺寸會有不同的特性？答案是肯定的。人類最初在肉眼可見的尺度觀察大自然，建立起一套科學理論，這套理論可以解釋物質整體、流體或氣體的行為，建立起傳統物理學（或巨觀物理）；這套理論的以「公尺」為尺度。

20世紀初，科學家開始將眼光放在組成物質的基本粒子上，透過間接觀測（即使透過電子顯微鏡，也無法看到原子，科學家只能透過能量變化，以及基本粒子在電場或磁場中的運動行為），解釋原子、分子與電子等微小物質的行為，建立起量子物理學（或微觀物理）；這套理論以「埃」（十的負十次方公尺）為尺度。而奈米科學介於這兩種尺度之間，物質在奈米尺度下的行為表現，既不同於肉眼可見的物體性質，也不同於量子物理，因此產生一個新的物理理論，稱為介觀物理。

物質在奈米尺度下出現許多特質不同於傳統科學理論，例如在奈米尺度下部分金屬的熔點大幅下降、導電性提高。大家都知道鑽石是自然界中最硬的物質，而鑽石是碳原子所構成，同樣為碳原子所構成的奈米碳管卻能夠彎曲達到 90 度。

用人類社會來舉例，可以發現不同的社群規模也有不同的特性；世界上有各個不同的種族，各自有不同的宗教與風俗習慣，這是巨觀尺度的觀察。不同種族中的個人有個人的行為模式，這是微觀尺度的觀察；而家庭的行為就好比物質在奈米尺度下的行為。

目前各種特殊的奈米現象一一被發覺，科學家正在努力蒐集各種現象，建構一套適用於奈米世界的理論。

二 奈米材料科技

緒言

奈米科技是經由奈米尺度下對原子、分子、超分子等級物質的操控，以創造及有效地製造材料、結構、裝置或系統，使其產生新穎的特性且具有應用價值。材料在奈米尺度下產生之新穎現象與特性主要基於奈米量子尺寸效應及表面效應所造成；這使得物質的熔點、磁性、熱阻、電學位能、光學性能、化學活性、表面能和催化性等等皆改變，因而產生了奇特的性質，引發新的應用契機。簡單地說奈米科技發展的極致在於創造人為定義的新性能材料。

根據www.nanoinvestornews.com 2002 年 8 月 2 日資訊世界上顯示，世界上從事奈米碳材生產者近 60 家公司所生產的碳奈米管價格因純度、種類而不同，每公克價格自幾十美元至幾百（～800）美元間不等；碳奈米管目前正應用於場發射顯示器、

單電子元件、導熱材料、電池電極材料、複合材料等的開發；其世界市場，根據 Business Communications Company（BCC, Connecticut, USA）的預估，至 2005 年可達 4 億美元。

國內投入奈米科技研發的公司已超過百家以上。針對奈米技術之製造業與服務業，行政院正在審議一項新興重要策略性產業獎勵辦法，推動奈米標章，成立國家新竹奈米應用研發中心，其總部即設於工業技術研究院 91 年 1 月 16 日成立之奈米科技研發中心，並宣告中部科學園區以發展奈米科技產業為主。民國 92 年度起為期 6 年的奈米國家型科技計畫政府各部會共投入 215 億元新台幣，其產業化部分佔 61%經費中約一半投入奈米材料之研發；學術卓越方面亦有大幅經費投入。

公民營企業或民間部門之研發活動現況

❶我國奈米技術產業化近況與展望

首波的應用最可能來自於基礎（傳統）產業的應用。若將奈米材料技術，如：奈米表面改質、界面處理、自組裝、空孔結構、晶格控制等溶入基礎（傳統）產業，如：人纖、金屬／機械、塑膠、化工、塗料、造紙、建材等之領域知識，並結合創新應用，則可能創造技術加值的新產品。國外已實用的例子及可能應用的方向如下：

塑膠工業方面：高強度、抗菌、耐磨、導電、阻氣、環保包裝材

人纖工業方面：保暖、抗 UV、殺菌、色彩鮮明高牢度染料

塗料工業方面：耐磨、抗菌、UV、耐溫、防火、奈米色膏／油墨、高導熱

建材工業方面：自清潔、絕熱、防霧

造紙工業方面：保鮮袋、高級銅版紙、高韌挺性薄膜

金屬／機械工業方面：高強度鋼鋁合金、耐磨、表面處理

化工工業方面：奈米觸媒、感測器

　　基礎（傳統）產業的應用可能產生的產值經政府相關單位會同產業界預估：2008 年奈米相關產值為 3,000 億新台幣，涉及約 800 家廠商；可順利商品化的原創智慧財產權達 25%，而在西元 2012 年時，產值將為 1 兆新台幣，投入廠家達 1,500 家以上，原創智財權則達 60%。以大幅提升智慧財產權擁有比率，為市場攻防之主力。

　　國內工研院過去五、六年奈米技術開發成果包括：碳奈米管（CNT）應用於場發射顯示器（FED）之製程與產品；顯示器配向膜材料；噴墨印刷材料（<30nm）；無機材料記錄媒體（ARMI, 2-20nm 膜厚）；自組裝平坦化陶瓷基板（1-5nm building block）；高潤濕性電池隔離膜（2-5nm 結構）；高儲能電容材料（2-50nm 孔徑）；奈米電極／觸媒；奈米黏土複合材料；生物奈米材料（金膠體<20nm）等等其製程及可能之應用產品列於表 4-1。

表 4-1　工研院奈米技術開發成果表

產業別	材料	加工技術	可應用之元件／產品
顯示器	碳奈米管（CNT） 配向膜材料 噴墨材料（<30nm）	可網印之場發射顯示器（FED）製程	CNT-FED（10 吋彩色雛型，車用）
LED		藍／白光 LED 用藍寶石晶圓	SiGe/Si 量子點
光儲存	無機材料記錄媒體（ARMI, 2-20nm 膜厚）	母模技術（Mastering, 70nm）	DVD-R 碟片

產業別	材料	加工技術	可應用之元件／產品
構裝基板	自組裝平坦化陶瓷基板（1-5nm building block）		積體被動元件／裝置
儲能	高潤濕性電池隔離膜（2-5nm 結構） 奈米電極／觸媒 高儲能電容材料（2-50nm 孔徑）	電漿表面處理	鎳氫電池（已占 7%世界市場）；鋰電池（開發中） DMFC（Direct Methanol Fuel Cell）
化工	奈米黏土複合材料 金觸媒 化學機械研磨液	插層、剝離、押出聚合反應（介孔洞，mesoporous） 奈米級二氧化矽膠體粒	超高分子量聚合物（分子量>100 萬） 口罩 晶圓拋光
生技	生物奈米材料（金膠體<20nm）		生物晶片 標的給藥微脂粒（100nm）

　　為了建置世界水準之奈米科技研發環境，培育尖端應用研究人才，奠定奈米科技基礎，促使我國成為奈米科技創新研發中心。工研院奈米科技研發中心即國家新竹奈米應用研發中心之總部；此中心正設置奈米科技核心設施，並整合工研院各單位提供網絡化服務，服務項目包含：設備使用、代工服務、共同研究、人員訓練等。期望藉由精密儀器共享與開放實驗室經營，提供國內外產學研各界卓越研究交流機制，促成奈米科技研發成果迅速擴散，帶動產業創新研發，促成新興產業投資與傳統產業轉型。

　　由於技術移轉的案例與產業商機有極大的關係，因此目前已

經可以公開的資料，僅限於已經準備將技術產品化階段的實例。目前與工研院合作的計有：台積電的 90 奈米 SRAM；友達的場發射式顯示器；錸德的儲存光碟；東元應用奈米材料的碳奈米管場發射式顯示器的應用生產等。已經可以進入技術產業化的奈米技術多為利用奈米材料之應用，如奈米碳管、奈米黏土、奈米光觸媒、奈米碳酸鈣、奈米透明氧化鐵、奈米氧化鋯等。至於已經商品化的奈米產品則有：利用太陽可以自行清潔的玻璃、自潔陶瓷板、衛浴設備、塗料、隔熱板、輪胎、寶特瓶、包裝薄膜、汽車腳踏板及零件、電磁波遮蔽薄膜、空氣清淨機、奈米材料冰箱、熱水瓶、光觸媒涼風扇、防水透氣卡其布、奈米領帶、殺菌除臭布料、遠紅外線保暖布料、防曬化妝品、遮陽眼鏡、抗菌紗布、驗孕劑、奈米中草藥粉、微脂粒藥物、生物晶片、網球拍、網球、排球、運動鞋充氣鞋墊、抗菌鞋、滑雪桿、滑雪板、奈米鐵釘和鑽頭等。

　　奈米科技對國內絕大部分的人來說，尚屬於剛接觸的起步階段，但對企業而言，則往往因為企業體的大小、研發能力、市場開拓能力、危機處理能力、資金能力等不同而呈現不同的現象與結果。

　　基本上，大部分的奈米技術目前只進入技術商品化的應用研發階段、試產階段，少數早已運用其特性卻不知其為「奈米科技」的產品則已經逐漸為消費者所熟悉，如利用遠紅外線保暖的衣物等，且因為其原料的取得較其他奈米技術來得容易，因此此類產品已進入量產階段，只是運用該技術之初並不了解其為奈米技術。對於前者還在與技術單位做應用研發階段的廠商，對於其可能投入的資金、人力、市場皆語多保留。而後者已經進入量產階段的廠商，因為產品還處於產品生命周期的萌芽期，因此還在調整其產量與拓展市場的方式。因此，對於應用奈米技術真正能拓展出來的新商機，基本上，廠商都還在嘗試與調整的階段，對

奈米技術所抱持的態度也處於「可能需要了解後，才能就廠商與其所處的產業、內外在環境評估」的觀望和不確定的心態。表4-2為根據工研院奈米科技研發中心所提供的名單，列出國內廠商已經利用奈米技術開發的產品。

表 4-2　國內已經利用奈米技術開發的產品與公司一覽表

運用奈米技術之產品	公司	該產品適用之產業
鎳氫電池隔離膜	高銀化學	能源產業
抗菌地磚	東陶	建材產業
衛浴設備、馬桶、洗手台	和成欣業	
石材表面處理	華峰工業	
抗菌、防臭、防紫外線功能性纖維	中華綠纖維科技 遠東紡織 中興紡織 力麗企業	紡織產業
機能性尼龍奈米新合纖	中石化	
奈米口罩	元台山	
奈米冰箱	東元電機	
空氣清淨燈管	台灣日光燈	
空氣清淨機	大同 聲寶 三洋	
超基因健康食品	超基因科技	生物科技產業
微脂粒藥物	台灣微脂體 東洋製品	
奈米中草藥	九鼎生技	

運用奈米技術之產品	公司	該產品適用之產業
90 奈米 SRAM、MRAM、FinFET	台積電	半導體產業
90 奈米技術	聯電	
化學機械研磨液	長春石油 永光化學 長興化工	
奈米軟式基板	國泰高科技	印刷電路板產業
奈米碳管場發射顯示器	翰立光電	光電產業
大尺寸電視用之奈米碳管	東元奈米應材	
OLED	鍊寶科技	
LCD 彩色濾光片光阻劑	永記造漆 長興化工 永光化學	
噴墨印表機奈米顏料	尚志造漆	
有機感光鼓	台鹽	
高純度粒徑 30 奈米光導電材料	永信藥品	
無機可錄式光碟	聯宥	

三 展望

　　另外根據 1999 年 9 月美國 World Technology Evaluation Center
（WTEC）報告：小型企業如 Aerochem Research Laboratory, Na-
nodyne, Michigan Molecular Institute, and Particle Technology, Inc.,已
在下列領域建立創新性競爭性的環境架構：分散、塗布、結構性
材料、過濾、奈米粒子製程、功能性奈米結構（感測器、電子裝
置、等等）。兩個半導體製程聯盟：Semiconductor Manufacturing

and Technology Institute (Sematech) and Semiconductor Research Corporation (SRC) 在無機物表面功能性奈米結構方面已建立顯著的研究活動。

WTEC 報告中奈米技術被分為數領域，並列出每一領域目前已有的產業效益及未來可能造成的衝擊；詳見以下表 4-3。

表 4-3 奈米技術各領域目前已有的產業效益及未來可能造成的衝擊

Nanotechnology （奈米科技）	Present Impact （目前衝擊）	Potential Impact （潛在衝擊）
Dispersion & coating	Thermal barrier Optical (Visible & UV) barrier (multibillion-dollar business, Kodak) Imaging enhancement Ink-Jet materials Coated abrasive slurries Chemical-mechanical Polishing Slurries ($~billion/yr) Information-recording layers	Targeted drug delivery/gene Therapy Multifunctional nanocoatings
High surface area materials	Molecular sieves Drug delivery ($13.8billion/yr) Tailored catalysts ($210billion/yr) Absorption/desorption materials	Molecule specific sensors Large hydrocarbon or bacterial Filters Energy storage Grautzel-type solar cells
Consolidated materilas	Low-loss soft magnetic Materials High hardness, tough WC/Co	Superplastic forming of Ceramics Ultrahigh-strength, tough structural materials

Nanotechnology （奈米科技）	Present Impact （目前衝擊）	Potential Impact （潛在衝擊）
	cutting tools Nanocomposite cements	Magnetic refrigerants Nanofilled polymer com- posites Ductile cements
Nanodevices	GMR read heads (within 3 years market increased to $20+billion, IBM & HP- main manufacturer)	Terabit memory and microprocessing Single molecule DNA siz- ing and sequencing Biomedical sensors Low noise, low threshold lasers Nanotubes for high bright- ness display
Additional Biological aspects	Biocatalysis	Bioelectronics Bioinspired prostheses Single-molecule-sensitive Biosensors Designer molecules

　　奈米尺度下之新特性提供了新的應用契機；也因此將造成產業技術上的革命。掌握住此新契機的國家才有希望在 21 世紀經濟占一席之地。如何掌握住此奈米科技之新契機，並結合台灣的產業優勢，創新研發，開創新產業與產值，是未來幾年我國產業需面對的課題。由上市場分析可見美國與日本的市場預估差異不大：即 2010 至 2015 年間奈米技術市場規模約美金一兆元。台灣如能占到 3%市場即為 1 兆台幣的產值。以過去 20～30 年台灣產品的表現，與產業界在產品創新上的活力，應有很好的機會可以攻占幾個百分比率的世界市場產值。Zyvex 公司 Principle Fellow,

Dr. Ralph Merkle 在 1990 年美國國會聽證會上作證說明：「奈米科技將完全取代目前所有生產製程而開發出更新穎、更精準、更廉價、更具彈性之產品製造技術」。台灣的產業強勢以製造技術著稱，發展奈米科技無疑地將是我們產業生命力再造之新契機。

✚ 奈米科技相關圖解

❶ 奈米是什麼？

在 SARS 風暴肆虐之前，民眾對奈米一詞所知甚少。如今市面上已推出琳瑯滿目的奈米產品，例如奈米冰箱、奈米冷氣、奈米殺菌劑、奈米健康食品及奈米保養化妝品等。大家只知道奈米好像很神奇，但消費者真的了解奈米是什麼嗎？

一個奈米到底有多小？只有使用最精密的電子顯微鏡才觀察的到。一個奈米大概是 3～4 個原子相連的長度，約等於人類頭髮直徑的十萬分之一。如果說地球的直徑只有一公尺的話，一顆彈珠的直徑就相當於一個奈米，詳見圖 4-1。

這個微乎其微的小小世界，已成為 21 世紀最重要的科技領域之一。科學家們皆認為，奈米科技將引發人類社會的第 4 波工業革命，預期將對光電、電子、化工、材料及生醫等重要產業產生革命性影響，且讓我們拭目以待，迎向更美好的未來。

❷ 奈米與自然界㈠

奈米科技聽來先進，但並非純然是實驗室的產物。造物者從數百萬甚至數千萬年前，已在自然界的許多生物體內創造出奈米粒子或奈米構造，使其展現特殊功能或形態。

昆蟲多半體積嬌小、重量極輕，如果翅膀上沾有一點點灰塵或水滴，在飛行時會因重量不平均而造成問題，所以許多昆蟲的翅膀表面具有奈米構造，即使有灰塵或小水滴落於翅膀上，也能很輕易地將其抖落。此點對於一些翅膀較大的昆蟲尤其重要，因為腿部無法搆得到，所以端賴翅膀的奈米結構來幫助自我清潔。

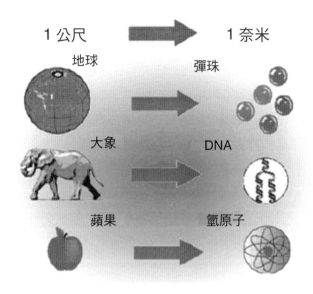

1 公尺 ➡ 1 奈米

地球　　　　彈珠

大象　　　　DNA

蘋果　　　　氫原子

圖 4-1　奈米尺寸世界

圖片來源：《圖解奈米科技與光觸媒》（呂宗昕著，商周出版社）

　　許多夜行性的飛蛾在夜間飛行時，為了避免被敵人發現，演化出看起來異常漆黑且不會反光的眼睛。飛蛾眼睛的角膜表面具有奈米級的細小突起，甚至還小於光線的波長，所以反光性極低，而且似乎可以吸收來自四面八方的光線，詳見圖 4-2。市面上已有企業模仿此種「蛾眼效應」，推出不會反光的玻璃，將來在鏡片、電視及電腦螢幕上，應有可觀的應用潛力。

❸ 奈米與自然界㈡

　　你可知道，在我們生活周遭的花草鳥獸，許多都具有奈米級構造。若能「師法自然」，應可為人類提供眾多構思及開發嶄新產品的靈感。

　　許多生物的外表有著繽紛燦爛的虹彩般的色澤，像是甲蟲殼、魚鱗及蝴蝶翅膀，有的是因為含有各種色素，有的則與光子晶體（photonic crystals）的顯微結構有關。「光子晶體」係指物

圖 4-2　角膜表面具有奈米級突起的飛蛾眼睛

質的幾何結構呈特殊的周期性排列，可以選擇性地反射的可見光。以蝴蝶翅膀為例，其鱗片上具有此種類似光子晶體的網狀結構，其周期在數百奈米左右，可反射部分顏色的光，並讓其餘顏色的光穿透過去。當光與光子晶體所產生的夾角改變時，會使光子晶體反射不同頻率的光，所以翅膀顏色會隨觀看角度而改變，這說明蝴蝶的翅膀為何看起來如此五彩繽紛，詳見圖 4-3。

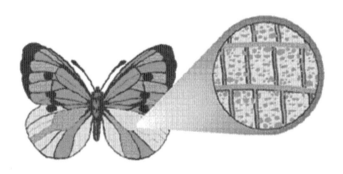

圖 4-3　具有光子晶體結構的蝴蝶翅膀

很多動物的方向感絕佳,會自己找到回家的路,距離較短者有螞蟻及蜜蜂,千里跋涉則有鴿子和鮭魚等。科學家們在這些生物體內,都找到了奈米級磁性粒子的存在。這些奈米磁性粒子就是生物磁羅盤,其功用是感應地球磁場的細微差異,作為導航的依據,以找到回家的路。

❹ 奈米與人體

人體是由細胞所組成。成年人約有 60 兆個細胞,每個細胞的平均直徑為 50 微米(0.005 公分)。也許你以為細胞已經夠小了,其實細胞內外還有許多奈米尺寸的構造及元件,負責維持人體的正常運作。

攜帶人類遺傳密碼的物質 DNA(去氧核醣核酸)大小即是在奈米尺寸。DNA就如同兩股交纏的的細絲,直徑只有 2 奈米。如果將單一人體細胞的細胞核內 23 對染色體的DNA全部拉直,則總長度將近 2 公尺,上面至少帶有 10 萬個基因。

細胞中央有細胞核,外側有細胞膜。人體細胞的細胞膜厚度約在 7～10 奈米,主結構為兩層具有流動性的磷脂質(phospholipids),中間穿插著各式蛋白質、膽固醇與少量醣類。細胞膜有分隔細胞內外、控制物質進出、辨識外來分子等功能。例如:膜上的離子通道(ion channe)外徑在 10 奈米以下,而內徑僅達 1～2 奈米寬,負責控制鈣、鉀、鈉、氯等離子的進出;細胞膜上的接受器(receptor)會辨識血液中的賀爾蒙或藥物,引起細胞做出反應。

小腸是吸收營養的主要器官,其吸收效率與表面積成正比。人類的小腸內壁由於布滿了皺摺及手指狀的絨毛,絨毛上又覆蓋一層纖細的微絨毛(直徑 90～100 奈米,長度 1.1 微米),所以總吸收面積可達 300 平方公尺。如果小腸僅是平滑的管狀,則吸收面積只有 0.5 平方公尺,這相當於吸收效率提高了 600 倍!

5 奈米與工業革命

在近代科技的發展史上，已經歷 3 次工業革命。第一次工業革命肇始於 18 世紀的歐洲，是「機械化」的革命。善用文藝復興時期累積的豐富科學知識及技術，開始大量以機械取代人力，再加上蒸氣機的發明，帶動了各項機械產業的蓬勃發展。以蒸汽機為動力的蒸汽輪船與火車，則成為當時重要的交通工具，顯著促進經濟活動的進行。

第二次工業革命發生於 19 世紀末期，是「電氣化」的革命。電報、電話、電視的發明，以內燃機及發電機取代蒸汽機，石化工業的誕生，汽車與飛機的發明，人類的生活方式從此大為改觀。

第三次工業革命是「資訊化」的革命。20 世紀的新發明有電子計算機、電晶體、積體電路及個人電腦等，在在帶動新一波躍進式的產業進步，並廣泛促成半導體、電子、光電、通訊、資訊及生物技術的蓬勃發展。人類正式進入「知識經濟」的時代。

近來奈米科技已成為新世代的發展趨勢，第四次工業革命目前已隱然成形，將是「奈米化」的革命。預期在這波工業革命中，化工、電子、光電、機電、生物及醫學等領域，都將結合奈米科技的創新技術。借重奈米科技的新知，開創出更快、更實用、更輕薄短小、前所未有的革命性新產品。舉凡食、衣、住、行、育、樂的品質，均將因奈米科技的貢獻而向上提升。

6 奈米材料

當一種材料縮小至奈米尺度時，便會發生「小尺寸效應」及「表面效應」。這是因為比表面積增大，位於表面及介面的原子數增多，表面位能大幅提高，表面原子較內層原子更活潑，所以奈米粒子具有高化學活性，導致材料的光、聲、力、電、磁及熱學等特性，皆因奈米化而有所變化。

奈米粒子內的原子數有限，原子間的交互影響變小，形成非連續的離散電子能階。再者，最高電子占據分子軌道與最低電子

未占據分子軌道的能階差，也會隨奈米化而變寬，此即為「量子尺寸效應」。

在光學上，奈米粒子對光及微波的吸收度顯著提高，且因能階差變大使激發光譜與發光光譜趨向短波長，產生藍移（blue shift）現象。在力學上，縮小至一定臨界值的奈米晶粒，硬度會隨粒徑變小而降低，且有更多擴散途徑，所以超塑性及延展性更好。於熱學方面，奈米粒子的熔點明顯較低，易於低溫燒結，有利於材料的緻密化。在化學上，奈米粉體的吸附能力較高，表面原子活性增大，易於參與化學反應。於電學方面，奈米金屬的導電性會下降，由導體變成絕緣體，奈米半導體的介電常數在臨界尺寸時達到最大，詳見圖4-4。

科學家們如能充分利用奈米材料的新奇特性，未來可望設計出更高附加價值的新型元件。

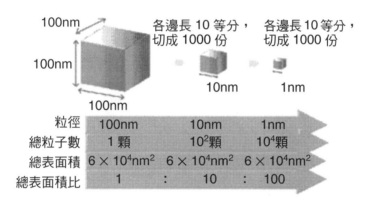

圖4-4　材料奈米化效應

🕖 奈米陶瓷

拜現代科技之賜，與傳統陶瓷截然不同的精密陶瓷（fine ceramics）在電子、光電、機械、生醫等領域已被廣泛運用，近來奈米化的陶瓷粉體也已量產成功，其獨特的電、光、化及機械特

性，普遍引起學術界及產業界的興趣。

奈米化後的光觸媒二氧化鈦，因表面積增加，反應活性大幅提升，有更佳的氧化還原能力。在醫療、抗菌、淨水、防污、防霧及空氣清淨等方面都有顯著成效。

奈米化陰極陶瓷材料對鋰離子二次電池非常重要，有助於鋰離子在充放電過程進出陰極材料，使充放電電容量提高，可有效提升鋰離子二次電池的特性。

奈米陶瓷粉體可作為螢光材料，其發光波長隨粒徑縮小而變短，且發光量子效率可有效提升，已成為電漿顯示器、場發射顯示器、白光發光二極體中的重要螢光材料。

奈米化強介電陶瓷粉體可縮減積層陶瓷電容器的各層厚度，使積層層數增多，且有利於燒結過程，使介電層緻密化，可藉此顯著改善被動元件的性能。

奈米陶瓷因表面積大，化學反應活性高，對溫度、濕度、氣體等外界環境變化十分敏感，所製成的感測器具有精確、靈敏、答應速度快等優點，詳見圖4-5。

圖 4-5　陶瓷材料與奈米科技

奈米陶瓷材料因應用範圍極廣，已成為奈米研究領域的重要一環。

⑧奈米被動元件——積層陶瓷電容器

電路板可說是電子產品的心臟，上面有 IC 記憶體、電阻、電容及電感等。電容器是一種被動元件，是電子產品中不可或缺的重要元件。電容器在電路中的功用是濾波、調整、電能儲存及移相。

先進電子產品力求輕薄短小，所以體積小、電容量高的積層陶瓷電容器（multilayer ceramic capacitor, MLCC）便益趨炙手可熱，詳見圖 4-6。積層陶瓷電容器係由陶瓷層及內部金屬電極層交錯堆疊而成，也就是每一陶瓷層都被上下兩個平行電極夾住，形成一個平板電容，再藉由內部電極與外部電極相連結，將每一個電容並聯起來，如此可大幅提高電容器的總儲存電量。例如，只有一層介電陶瓷材料的電容器電容量為 C，如果電容器厚度保持不變，但分隔為 N 層，則層積後的總電容量為 $C \times N^2$。

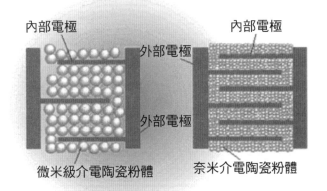

圖 4-6　運用不同大小粒徑製備之積層陶瓷電容器

目前各個被動元件廠商的主要研發目標，就是將每一層介電陶瓷層做得越薄越好，增加積層數目，以提高積層陶瓷電容器的

電容量,而奈米級介電陶瓷粉體是最受重視的材料。採用奈米級介電陶瓷粉體的好處是,不僅可使積層陶瓷電容器的介電層變薄,總電容量增大,更因奈米級介電陶瓷粉體易於燒結,可使介電陶瓷層有較高的緻密性,減少介電層中的氣孔率,故奈米化積層陶瓷電容器擁有較優異的電氣特性。

❾ 奈米鋰離子二次電池

可反覆充放電、多次使用的電池,稱為二次電池,其中以鋰離子二次電池的應用最為廣泛,例如手機、數位相機、數位攝影機及筆記型電腦等可攜式電子產品,多以鋰離子二次電池為供電來源。

鋰離子二次電池係以鋰離子過渡金屬氧化物(陶瓷氧化物)為陰極,利用具層狀結構的石墨為陽極,以有機溶劑為電解質。充電時,鋰離子先遷出(extract)陶瓷氧化物,再嵌入(insert)石墨層狀結構中;放電時,鋰離子再由石墨遷出並反向嵌入陶瓷氧化物中,詳見圖 4-7。由於是可逆反應,故可重複充放電。

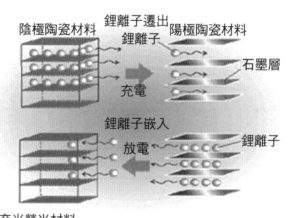

圖 4-7　鋰離子二次電池中鋰離子嵌入及遷出的機制

目前的鋰離子二次電池仍有改進空間。在充放電容量方面，因陽極的石墨層中可供鋰離子進出的空間有限，所以最高電容量受到侷限。有研究顯示，以具有中空管狀構造的奈米碳管作為陽極，能提供更多空間讓鋰離子進出，從而大幅提高充放電容量，延長電池的使用時間。在充放電速度方面，鋰離子要遷出或嵌入固體陰極材料，需要在固體中進行擴散反應。如果將固體陰極材料縮小至奈米尺寸，鋰離子能更容易地從固體中擴散而出，擴散速度變快等於電池的充放電速度加快，如此即能大幅縮短充電時間。

⑩ 奈米光觸媒

光觸媒就是受到照光激發時，能催化化學反應進行的一種物質。目前最主要的光觸媒材料是二氧化鈦（TiO_2），它需要的光是在紫外光範圍。

奈米光觸媒是目前最廣泛使用的奈米材料之一，奈米化對光觸媒的正面影響有：反應活性提高、氧化還原能力增強、呈無色透明狀態、可穩定懸浮及分散於溶劑中。奈米光觸媒具有抗菌、清淨空氣、淨水、防污、防霧及醫療等六大功能。

奈米光觸媒可分解細菌的細胞膜來殺死細菌，並進一步分解細菌的殘骸。目前市面上已推出結合奈米光觸媒的磁磚、地板、窗簾、隔牆板及抗菌噴劑等產品。

奈米光觸媒的強氧化能力可分解空氣中的惡臭物質及有機物質，若結合集塵與過濾材料，可製成多功能之冷氣機、電風扇及空氣清淨機。日本也正積極嘗試將光觸媒應用於公共設施上。

塗有奈米光觸媒的物體在紫外光照射下，除有分解油污的能力外，還有良好親水性，可藉雨水的力量沖去表面的灰塵或油污，達成「自我清潔」的效果，應用範圍包括大樓外牆、汽車烤漆等。運用此種超親水性，於玻璃或鏡面塗上奈米光觸媒，可產生防霧功效。

對環境友善的「奈米級綠色產品」光觸媒,深具廣泛應用潛力,將帶來無窮的商機。

科學理論與科技應用

最近兩年,包括美、日、英、德、法等世界先進國家莫不投入大量經費,鼓勵奈米科技的研究與開發,台灣也在今年將奈米科技列入國家重點發展計畫。奈米領域的發展不僅是在學術研究方面,在實際應用層面上的發展也非常迅速,呈現出一種由市場競爭帶動科學研究的特殊現象。例如半導體產業不但在晶圓的尺寸上比「大」,同時也在導線上比「小」,半導體產業紛紛投入大量人力物力開發奈米製程;工研院與民間企業組成團隊,開發奈米碳管的生產與應用研究。

人類的求知慾與夢想一直是科學發展的動力,但是在「奈米」這個新興的領域中,市場需求與企業甚至國家間的競爭,成為推動這項科技發展的主要動力。為了避免在這場科技競賽中落後,民間企業與國內大學等研究單位的合作正快速增加。

作為石化工業原料的供應者,中油沒有理由在這波科技革命中缺席,而這波科技革命的特色,就在於市場牽動技術與研究的方向。任何一個想在奈米科技領域中取得一席之地的企業,都不能被動等待研究單位開發出新技術,必須主動了解市場的需要與發展傾向,投入資源作產品開發。

中油要將高廠更新為高科技石化園區,最困難的問題不見得是 25 年遷廠的承諾或是地方居民的抗爭,而是如何改變經營文化。從一個長期以來接受政府政策指導、被動等待指示、只求形式上統一而不用回應市場需求的公營事業,轉型成充分尊重成員特性(如奈米現象)、積極創造市場、回應市場的企業。

◀ 奈米領域之發展趨勢

❶ 奈米發展趨勢

目前把奈米科技列為重大國家發展目標的國家，包括澳洲、南韓、比利時、荷蘭、保加利亞、俄羅斯、中國大陸、新加坡、芬蘭、西班牙、法國、瑞典、德國、瑞士、印度、台灣、以色列、英國、日本等。西元 1998 年，歐洲和日本對奈米科技的政府支出都分別超越美國政府。美國在人造合成、組合和高面域材料（high surface-area material）等方面領先；在生物方法、應用和傳播、覆層等方面則和歐洲不相上下。日本則在奈米設備和整合式奈米材料居領導地位。整體來說，全球開始愈來愈注意奈米科技知識。

台灣過去 20 年來，積極投入半導體的研發與製造，成功帶動半導體產業躋身全球第三的佳績。過去的矽導產業發展是從上而下（Top-down）、由大做到小，也就是線寬愈做愈細，往 0.1 微米以下的製程發展；而奈米科技則是由下往上（Bottom-up），改變過去的產業發展模式，也改變研發人員對物質材料結構的思維。因為當物質小到奈米尺寸時，會產生新特性，包括量子效應及表面效應等。

由於奈米給所有物質新特性與新應用，因此對於傳統產業的轉型及科技產業創新技術都將產生革命性改變。市場預估未來 10～15 年，奈米產品市場年產值將高達美金 1 兆元；美國、日本及歐盟均已積極展開奈米研究，例如美國於西元 2004 年投入美金 5 億元、日本投入日圓 350 億元、中國大陸從西元 2001 年到 2005 年將投資人民幣 25 億元；而我國也預計從西元 2002 到 2007 年投入新台幣 192 億元進行奈米科技研發。

綜觀國際目前奈米科技發展趨勢，美國在奈米結構與自組裝技術、奈米粉體、奈米管、奈米電子元件及奈米生物技術有顯著

發展；德國則在奈米材料、奈米量測及奈米薄膜技術略有領先；而日本則在奈米電子元件、無機奈米材料領域較具優勢。這些奈米技術的發展勢必影響我國目前具競爭優勢的半導體、光電及資訊等高科技產業的未來發展。因此，我們應該快速的迎頭趕上世界研發趨勢，並利用我國高科技之既有優勢，營造並發展出更有前瞻性的奈米科技產業。

❷ 專利趨勢

近年來，奈米尺度與工程（NSE）的快速成長，可望帶動眾多研究領域和產業的根本變革。許多科學領域和產業應用正在積極進行有關奈米科技長期基礎研究和短期研發。奈米科技發展速度之快、規模之大，使得研究人員必須了解不同實驗室、公司、產業和國家間所發表的奈米相關報告與專利。

奈米科技專利數量最多的前十名國家分別為美國、日本、法國、英國、台灣、韓國、荷蘭、瑞士、義大利和澳洲。美國、法國、日本、英國、瑞士、荷蘭和義大利自 1970 年代開始發表奈米技術專利，到 1990 年代初期，韓國和台灣陸續跟進。最近五年成長最快的領域則是化學和製藥業，其次便是半導體元件。西元 1976 年到 2002 年申請最多專利的前十四個國家資料，詳見表 4-4 及表 4-5。

過去 20 年來，奈米科技專利的成長率驚人。在美國奈米科技先導計畫 NNI 所公布的 22,608 項奈米科技專利中（西元 2000 年 1 月至 2003 年 4 月），有 79%屬於美國發明者，12.4%屬於日本，3%屬於法國，1.1%屬於英國，1%屬於台灣，韓國與荷蘭各占 0.9%，瑞士 0.7%，義大利和澳洲各占 0.5%。過去 10 年間的領先技術主題有大幅改變，西元 2001 年至 2002 年間，最重要的主題是「核酸」、「製藥成分」、「雷射光束」、「半導體元件」和「光學系統」。

表 4-4 奈米科技專利權人國家（Assignee country）分析

（西元 1976～2002）

排名	專利權人國家	專利數
1	United States（美國）	56,828
2	Japan（日本）	7,574
3	France（法國）	2,087
4	United Kingdom（英國）	871
5	Switzerland（瑞士）	419
6	Talwan（台灣）	382
7	Italy（義大利）	377
8	Republic of Korea（韓國）	368
9	Netherlands（荷蘭）	308
10	Australla（澳洲）	307
11	Sweden（瑞典）	264
12	Belglum（比利時）	193
13	Finlan（芬蘭）	125
14	Denmark（丹麥）	104

表 4-5　奈米科技專利權人國家的專利數目（西元 1976-2002）

年份	美國	日本	法國	英國	瑞士	台灣	義大利	韓國	荷蘭	澳洲
1976	538	40	21	0	7	0	6	0	2	1
1977	670	21	19	0	6	0	6	0	0	5
1978	670	36	34	5	8	0	1	0	4	8
1979	516	27	20	3	9	0	4	0	2	2
1980	718	39	24	15	6	0	5	0	1	2
1981	806	53	20	13	8	0	12	0	4	5
1982	724	43	29	17	3	0	5	0	2	2
1983	874	57	41	10	7	0	7	0	2	5
1984	975	65	25	21	12	0	5	0	4	2
1985	1,005	64	56	16	2	0	7	0	4	4
1986	1,104	93	44	14	9	0	8	0	1	6
1987	1,376	112	51	24	5	0	14	0	4	4
1988	1,263	129	52	22	10	0	8	0	1	5
1989	1,647	172	59	30	13	0	13	0	5	6
1990	1,666	179	65	33	11	2	12	1	5	8
1991	1,824	214	60	45	12	4	9	4	4	3
1992	2,072	280	68	24	16	6	10	2	5	13
1993	2,289	312	67	38	10	5	18	3	6	11
1994	2,049	373	73	29	9	2	12	7	4	16
1996	2,519	423	75	40	11	17	15	14	5	13
1997	3,623	513	146	56	15	16	26	18	8	19
1998	4,731	643	164	82	27	36	28	51	12	25
1999	4,883	694	182	84	37	60	28	56	18	22
2000	5,181	820	182	68	45	65	33	43	21	28
2001	6,254	923	256	74	63	80	38	76	114	25
2002	6,425	1.050	245	100	55	86	44	87	66	61

四 世界主要國家奈米科技發展現況與趨勢

美國

美國國家科學委員會通過贊助國家奈米科技基礎建設網路計畫（National Science Board Approves Award for a National Nanotechnology Infrastructure Network）

美國國家科學委員會（National Science Board）於西元 2003 年底批准「國家奈米科技基礎結構網路計畫」（NNIN），將由全國 13 所大學共同建構支持全國奈米科技與教育的網路體系。該計畫為期五年，於西元 2004 年 1 月開始執行，將提供整體性的全國性使用技能以支持奈米尺度科學工程與技術的研究與教育工作。預估 5 年間至少投資美金 700 億元的研究經費。計畫目的不僅在提供全國研究人員頂尖的實驗儀器與設備，並能訓練出一批專精於最先進奈米科技的研究人員。

❶ 美國發展最新奈米細胞製造技術

奈米技術可製造出粒子小於人類血管大小的物體，但如何將這些細微的粒子放在一起呢？美國國家標準與科技協會（NIST）指出已研究出一種生產一致的，且能夠自行組合的奈米細胞（Nanocells）的方法，以應用在封裝壓縮藥物的治療工作上，目前該技術已提出專利申請。這種技術當前可被運用在藥物的包裝技術上，可以更精確地確保藥物的用量，未來將運用在癌症化學治療的相關技術上作更進一步的研究。奈米計畫是西元 2005 年聯邦跨部會研發預算的主軸，達美金 9.8 億元比去年增加 2.2%。（美國 2005 會計年度的科技研發預算分析，參照 http://www.aaas.org/spp/rd）

❷ DNA 檢測晶片的進展

西元 2004 年 1 月，美國 HP 正式對外發表其用來快速進行 DNA檢測的奈米級晶片。取代目前在DNA檢測上採以光學原理為基礎的「基因微晶片法」（DNA microarrays）繁複的檢測步驟，HP團隊改由將此繁複步驟交由電路晶片處理；製作上，DNA檢測晶片的趨策元件是一條利用電子束蝕刻法（electron-beam lithography）與反應性離子蝕刻法（reactive-ion etching）所製成粗細約 50 奈米的奈米線。然就商業上考量，成果卻過於高昂，因此研究團隊正發展利用較便宜的光學蝕刻法（optical lithography）以製成 DNA 檢測晶片元件的技術。

❸ 地下水污染改善之研究

地下水污染是近年被廣泛討論的一項重大議題，目前能準確找出與清除地下水污染的技術並不成熟。西元 2004 年 4 月，美國發表了一種奈米微粒（nanoparticles）技術，在此微粒中心為鐵芯（iron）而其外則由多層聚合物加以包覆，其中，內層是由防水性極佳的複合甲基丙烯酸甲脂（poly methl methacrylate; PMMA）包覆，而外層則由親水的sulphonated polystyrene進行包覆。由於親水性外層使奈米微粒溶於水，內層防水層則能吸引污染源三氯乙烯（trichloroethylene）。奈米微粒中的鐵芯使得三氯乙烯產生分裂，進而使得此項污染源逐漸分裂成無毒的物質。

❹ 啟動癌症奈米科技計畫

為廣泛將奈米科技、癌症研究與分子生物醫學相互結合，美國國家癌症中心（NCI）提出了癌症奈米科技計畫（Cancer Nanotechnology Plan），並將透過院外計畫、院內計畫與奈米科技標準實驗室等三方面進行跨領域工作。計畫設定了六個挑戰：

(1)預防與控制癌症：發展能投遞抗癌藥物及多重抗癌疫苗的奈米級設備。

(2)早期發現與蛋白質學：發展植入式早期偵測癌症生物標記

的設備，並發展能收集大量生物標記進行大量分析的平台性裝置。

(3)影像診斷：發展可提高解析度到可辨識單獨癌細胞的影像裝置，以及將一個腫瘤內部不同組織來源的細胞加以區分的奈米裝置。

(4)多功能治療設備：開發兼具診斷與治療的奈米裝置。

(5)癌症照護與生活品質提升：開發改善慢性癌症所引發的疼痛、沮喪、噁心等症狀，並提供理想性投藥裝置。

(6)跨領域訓練：訓練熟悉癌症生物學與奈米科技的新一代研究人員。

歐盟

❶ 歐盟的國際奈米科學研究政策

歐洲為全球最早開始進行奈米科學研究的區域，但由於當時並沒有歐盟加以居中協調與規劃，因此在研究初期因為缺乏資金援助、相關管理上的支援，同時因為面臨專利取得的問題，導致研究人員遭遇許多阻礙，西元 2004 年 5 月，歐盟議會（European Commission; EC）對歐洲地區與國際社會發表一系列有關於奈米科技的專案計畫，以宣示歐洲對於提高奈米科技競爭力的決心。

歐盟將其計畫分為五個主要區域：研究與發展（R&D）、基礎建設（infrastructure）、教育與訓練（education and training）、創新（innovation）以及社會層面（societal dimension）。根據預估，如歐盟計畫能順利推展，在西元 2010 年前將可望為歐洲創造上百億歐元的經濟營收。歐盟議會也強調提高社會大眾對於奈米科技的認知，也同樣屬於整體奈米發展計畫的一部分。另外，公眾健康、安全、環保問題及消費者保護也同樣被包含在此項議題之中。目前，奈米科學及奈米科技仍屬於新興的 R&D 領域，其所必須解決與進行研究的對象都存在於原子與分子的階層中。奈米科學在未來幾年內的應用是眾所矚目，且必將對所有的科技

產生重大影響。在未來，奈米科技的研發工作也將對人體保健、食物、環保研究、資訊科學、安全、新興材料科學及能源儲存等領域產生重大的改變。

目前歐盟所進行的第六期架構計畫（FP6）中（西元 2004～2006 年），奈米科技與新興材料研發的經費約為歐元 13 億，而歐盟議會也有意提高經費並延長研究時程（由西元 2007～2013 年）。同時為凝聚與加強所有歐盟會員國在奈米科學方面的研究，因此在規劃上歐盟議會也有意召集民間與其他單位的專家凝聚共識，以強化整體歐盟在此方面研究領域的力量。

❷ 創新接繼中心

在西元 1995 年由歐盟委員會成立「創新接繼中心」（Innovation Relay Centers, IRCs）。這個組織和美國國家科技移轉中心具相同功能。區域性的創新接繼中心總數近 70 個，支援至少位於 30 個國家的相關科技移轉中心。創新接繼中心的目的，是將有問題的公司和能提出解決方法的公司結合在一起。歐洲多數的奈米科技公司都可受到創新接濟中心或區域創新和科技移轉策略計畫的援助。

歐洲奈米科技計畫接受金援的方式和美國大致相同，有些是屬於國家型計畫。歐洲有多個跨國研發機構，以泛歐工業研發網路為例，其專門提供無條件研發補助，目的將研發成果發展為產品。透過泛歐工業研發網路提供的資金補助的國家包括奧地利、挪威和英國。其他在比利時、德國、斯洛伐尼亞、冰島和以色列還包括貸款和免償型補助。多數情況下，補助金額不超過計畫完成的所需總金額的七成，剩餘部分多仰賴地方政府和其他有意願者贊助。

日本

❶日本理研的奈米科學研究現況報導

日本物理與化學研究所（RIKEN）（簡稱理研）係一跨學門的研究組織，該所各部門分布在日本的七個區域。RIKEN 的主要基地——和光園區，設置發現研究中心（DRI）、新領域研究系統（FRS）及頭腦科學中心（BSI）等 3 研究中心。RIKEN 進行的研究可區分為 3 類：DRI主要進行小型但具備長程觀點的培育研究計畫；FRS同樣執行小型計畫，但以由上而下的方式，進行較具動態的中程及中等規模的計畫；至於研究中心則是進行以目標為導向的中至長程的大型計畫。RIKEN 在西元 2003 會計年度下半年（西元 2003 年 10 月至 2004 年 3 月）的研究預算共美金 474.8 百萬元，全年預算超過美金 9 億元。雖然西元 1986 年起 RIKEN 開始從事奈米科學之研究，但正式的奈米科學計畫則是自西元 2002 年開始，初期選定有 18 項的奈米科學計畫，並陸續分別在各研究中心進行。

❷日本提高奈米科技預算與產業合作（JAPAN BOOSTS NANOTECHNOLOGY BUDGETAND INDUSTRIAL COOPERATION）

根據日本科學與科技政策顧問委員會（Council for Science and Technology Policy）消息指出，日本在西元 2004 年會計年度（由 4 月 1 日起）中，奈米科技預算成長 3.1 個百分比，達到美金 8.8 億元。同時，兩個主要負責日本奈米科技研發計畫的政府部會，其預算也都有成長。負責推銷即將完成的研發工作的日本經濟產業省（Ministry of Economy Trade and Industry, METI），預算由西元 2003 年的美金 0.97 億元提升到西元 2004 年的美金 1.1 億元。奈米科技與相關原料研究被指定為四個最高優先項目之一，其他領域包括資訊與通訊、生命科學與環境研究。

　　日本的預算是經由日本大藏省（Finance Ministry）批准，再由日本國會（Japanese Diet）制定為法律。日本文部科學省（Ministry of Education, Culture, Sports, Science and Technology, MEXT）的奈米科技研發經費，則由美金 2.3 億元成長到美金 2.4 億元，將著重在基礎原料研究與新藥物研究計畫上。

南韓

❶ 韓國的奈米科技策略：奈米世界的雄心壯志與動態國家

　　韓國政府已深切體認到奈米科技為本世紀科技發展的戰略制高點，整合奈米技術與資訊、生物、材料、能源、環境、軍事、航太領域之高新科技，並將創造出跨學門研究發展新境界。韓國政府也理解到此新興科技也將是創造新產業與高科技產品的驅動力，奈米科學與技術的突破性進展更將為人類能力、社會產出、國家生產力、經濟成長與生命品質帶來巨幅的改善。韓國已宣示在西元 2001 至 2010 年十年間投入韓幣 2,391 兆元（約 20 億美元）於奈米科技的研發，政府投入在奈米科技的經費，西元 2002 年與 2000 年比較，成長約 400%。奈米國家計畫的主要目標之一為在某些競爭性領域取得世界第一並發展產業成長的利基市場，韓國同時明確的把發展重點聚焦於諸如兆元級積體電子元件等核心關鍵技術。

　　「2002 年執行奈米技術發展計畫」與「奈米結構材料技術發展」、「奈米微機電與製造技術發展」等兩項新領域研究計畫同步開始實施，再加上奈米科技領域研究計畫在未來 6～9 年內每年將投入美金二千萬元，在眾多政府研究機構林立的 Daejoen 科學城，韓國高等科技研究院（KAIST）於去年設立奈米製造中心，在未來 6～9 年內投入美金一億六千五百萬元，政府最近調整「2003 年奈米科技發展行動計畫」，包括：奈米科技發展促進法案，其目的有二：一為建構堅固的奈米科技核心研究基礎，

二為激勵成熟奈米科技的產業化，韓國政府也將配置美金3.8億元（全國奈米科技經費的19%）於國家奈米產業化計畫，其中包括產業研發基金與創投基金。

根據西元2002年韓國專利局報導，奈米科技專利應用數目無論在國內或國外都呈現大幅成長，新興奈米科技也在過去數年間呈現可觀地成長，另外根據韓國商工能源部（MOCIE）的統計，西元2002年奈米科技新創公司也如雨後春筍紛紛搶搭奈米科技列車。

❷ 韓國預測國際市場對奈米紡織品的需求將快速增加

韓國產業資源部預測，今後9年國際市場對奈米紡織品的需求將會出現迅速增長的趨勢，交易額可望達到近美金400億元。韓國產業資源部委託韓國纖維產業聯合會從西元2004年8月份開始的三個月內，對國際市場對奈米紡織品的需求和貿易趨勢進行研究分析，並得出上述結論。

韓國產業資源部分析認為，國際市場對奈米紡織品的需求金額以美金150億元為基準，今後每年將遞增10.7%，到西元2007年和2012年，國際市場對奈米紡織品的需求金額將分別達到美金240億元和397億元。到西元2012年，國際市場對用於製藥、電子和生命科學的超高效能過濾奈米紡織品的需求金額將達到美金96億元，對用於防生化武器和體育娛樂的奈米紡織品的需求金額將達到美金26億元，對用於儲存能源的奈米紡織品的需求金額將達到美金205億元。

目前韓國對奈米紡織品的需求金額為美金19億元，占國際市場需求總額的12.1%。到西元2012年，韓國對奈米紡織品的需求金額將達到美金72億元，占當時國際市場需求總額的18.1%。韓國產業資源部說，目前韓國全部依賴進口的高性能過濾奈米紡織品以及用於新一代聚合電池和醫療用奈米纖維材料。

❸南韓在奈米科技的發展幾乎完全集中在微電子產業

透過由南韓科技部（Ministry of Science and Technology）贊助的兆位水準奈米設備發展計畫（Tera-Level Nanodevices Initiatives），南韓的大學和產業都專注於發展下一世代微電子設備，包括具有兆位元（terabit）容量的記憶體設備和具有兆赫茲（terahertz）資料處理速度的元件。

南韓最大企業財團之一的三星設有一個先進科技研究所（Advanced Institute of Tcchnology），從事微電子科技的研究和商業化發展。

中國大陸

1. 「中國實驗室國家認可委員會」是負責實驗室和檢查機構認可及相關工作的認可機構，為規範奈米產品市場、推動制定相關奈米材料及產品的標準，「國家奈米科學中心」和「中國實驗室國家認可委員會」會商多次，聯合成立「奈米技術專門委員會」，掛靠在「國家奈米科學中心」。

2. 中國政府透過中國科學院主導眾多奈米科技研發計畫，多數強調半導體製造技術和發展以奈米科技為基礎的電子元件，另一讓人感興趣的是利用奈米材料保存考古文物。已成功發展出的產品包括近期推出的新式冷氣機，其特點為利用創新的奈米材質。另估計約有兩百家企業積極從事奈米科技產品的商業化。

五 我國產業應用奈米科技現況

現階段台灣奈米產業發展策略之建議

民國 89 年 12 月行政院科技顧問會議與民國 90 年 1 月全國科技會議結論皆指出奈米科技為我國未來產業發展重點領域的方

向。民國 91 年 6 月行政院國家科學委員會第一五七次委員會中
通過奈米國家型科技計畫，於民國 92 年 1 月開始推動。並於民
國 91 年 9 月成立「奈米國家型科技計畫」辦公室。

　　民國 92 年起「奈米國家型科技計畫」開始推動，代表各部
會研究計畫整合推動之新開端。奈米國家型科技計畫分成四大分
項與職責，劃分如下：

1.產業化技術分項計畫。

2.學術卓越分項計畫。

3.人才培育分項計畫。

4.核心設施建置和分享運用計畫。

在經費方面，台灣奈米國家型科技計畫之預算可分為二階段

1.在民國 92 年以前台灣奈米計畫研發投資。

2.自民國 92 年起奈米國家型科技計畫之預算。

對台灣奈米產業發展策略之建議

1.強化產業發展輔導措施。

2.人才培育與延攬。

3.健全檢驗與認證體系。

4.檢驗與認證體系之建立應該分為政府與民間兩方面合作進行。

台灣奈米材料研究──整合規劃、加速提升產品競爭力

　　台灣從自民國 92 年開始整合各科技相關部門，執行為期 6
年的「奈米國家型計畫」，分為學術卓越計畫、產業化技術計
畫、核心設施建置與分享運用計畫、人才培育計畫等 4 大類。

　　奈米科技之第一波應用領域為基礎產業之產品延伸與提升性能，其中奈米材料之發展其實居於關鍵地位，報告針對4種常受矚目之奈米材料：奈米二氧化鈦、奈米二氧化矽、奈米碳酸鈣、奈米氧化鋅，分別探討其在各基礎產業與新興高科技產業之應用機會。

❶ 奈米二氧化鈦廣泛應用於光觸媒產業

　　奈米二氧化鈦主要在光觸媒材料、化妝品、精細陶瓷、遮蔽紫外線材料與半導體材料等方面有廣泛的應用機會，尤其在光觸媒產業之應用。依據日本三菱總和研究所之報告，曾經樂觀的估計至西元2005年光觸媒市場規模將達到1兆日圓；其中最主要市場為空氣清淨機之處理惡臭或脫臭相關應用，其次是排放水或廢水處理，再其次為外牆磁磚防污自潔應用。雖目前看來此一估計或許過於樂觀，但潛力仍在，依據日本光觸媒製品論壇之估計，日本西元2001年市場約200～250億日圓，估計未來成長率至少20%，且日本已經有1,000家公司投入相關光觸媒產品之應用與行銷，在上游原材料（奈米二氧化鈦）上亦有七家公司生產供應，來源多元化。同時日本在光觸媒認證與標準之制定上也居於領先地位，西元2002年9月光觸媒標準化委員會成立，預計在3年內制定第一梯次之相關JIS與ISO標準。

　　因此在奈米二氧化鈦發展上，台灣之光觸媒發展機會在於引進日本技術，取得原材料發展下游加工應用，並學習其驗證制度與引用其建立之測試標準。台灣目前已有多家廠商投入奈米級二氧化鈦之小量生產，但是其原材料仍仰賴進口。

❷ 奈米二氧化矽具提升產品性能之優勢

　　奈米二氧化矽主要是由氣相法或溶膠－凝膠（Sol-gel）法製造，目前台灣奈米級之氣相法二氧化矽全部仰賴進口。在基礎產業之機會在於取代典型微米級二氧化矽，提升產品性能，其中應用於橡膠產業發展綠色環保輪胎與彩色或透明橡膠製品是一項改

良既有產品之重要機會；此外台灣對於矽橡膠製品、聚酯樹脂製品、塗料與密封膠均有機會應用奈米二氧化矽來提升產品性能。在透明高分子材料應用上，主要可應用在高透明塑膠、透明塗料與高分子複合材料等。在新興光電產業則以引進材料前驅體來發展溶膠－凝膠型與塗覆型產品等，例如半導體晶片用研磨化學機械研磨漿液（CMP slurry）與光學鍍膜應用等均具有發展潛力。

❸ **奈米碳酸鈣製造技術大陸居領先地位**

碳酸鈣本來就是廣泛使用之填充料，奈米碳酸鈣初期主要用於提升既有應用領域之產品性能，如塑膠、橡膠、塗料和紙製品，然而在添加劑使用上需配套之一項重要技術為奈米碳酸鈣之表面改質技術。由於價格最低廉，所以奈米碳酸鈣將可取代高價位之二氧化鈦與二氧化矽之填充料市場，尤其典型二氧化矽將受較大之價格競爭威脅。對於生產塑膠原料之石化產業而言，未來需積極建立奈米粉體原位（In-Situ）生成聚合技術，在產品製程中導入奈米材料直接生成奈米複合材料母料，則下游業者因省去表面改質之程序而降低成本，更樂於直接應用以增強產品性能。在高價位產品上主要用於民生用品（如牙膏）、醫藥與食品工業中的應用。

在製程上，奈米碳酸鈣之製造技術以超重力碳化法最具快速生產優勢，中國大陸居於領先地位，目前已有5家公司生產，產能約 49,000 公噸／年。因此台灣廠商應可考慮利用此一低價位之奈米材料，加強下游應用研究，發揮創意提升附加價值。

❹ **奈米氧化鋅製造方法以液相法最具潛力**

典型氧化鋅過去是橡膠材料配方中極重要之硫化促進劑，若使用奈米氧化鋅將可以減少配方中之氧化鋅用量約30%～70%，雖可望提升橡膠製品性能，但價格仍是關鍵因素，因此在替代傳統應用之典型氧化鋅產品上，如橡膠、塗料與紡織品應用上還是在於找到關鍵附加價值增益，才有機會替代，例如在紡織品抗菌

與抗紫外線之應用。但是在光、電、磁與感測器等方面的應用，如氣體傳感器、螢光體、變阻器、紫外線遮蔽材料、圖像記錄材料、壓電材料、壓敏電阻、高效催化劑及磁性材料等，都是奈米氧化鋅可以發揮優勢之主力戰場。

奈米氧化鋅製造方法以液相法最具潛力，氣相法又分成沈澱法、均勻沈澱法、噴霧熱解法與溶膠－凝膠法等各具特色與待克服之量產困難。台灣研發生產奈米氧化鋅之公司仍少且規模小，仍處於產業化萌芽階段。中國大陸則已經有若干由科研成果轉化之產業化生產工廠，未來在原材料供應上將逐漸建立自主性與取得發展優勢。台灣既有光電產業基礎穩健，應用奈米氧化鋅是必然之趨勢，因此進口中國大陸之產品，品質將是進口替代之關鍵，短期應該是日本原料主導之機會較大。

✦ 未來發展三大建議

❶ 重點整合與集中發展策略

台灣大學校院與研究機構眾多，但個別計畫多屬小規模的發展，固然在鼓勵獨立創新上有高自由度發揮之空間，但是在有限資源應用上卻容易重疊而失焦，無法真正壯大成果落實於產業化，因此台灣在奈米材料研究與追求國際級創新成就上，需要集中資源加強整合規劃與建立鼓勵勇於挑戰創新改變之制度。在制度上宜事先規劃衍生公司策略與建立科研成果鑑定認證體系，才能引導資金安心投入奈米材料產業。此外，政府對於產業化計畫之補助或技術輔導計畫應該建立在單一窗口之架構下，統一有效分配運用資源，俾加強對於萌芽期之奈米材料與應用產業之輔導。

❷ 加強技術引進

奈米材料之發展需要長期之投入，過去台灣無機粉體材料產業由於規模小，因此在開發奈米材料上難免落後於先進國家，故欲建立材料自給自足產業，必須加強引進國外技術或中間產品如

前驅體（Precursor）進口，尤其是進口日本之先進技術或材料，以進行上下游垂直分工；在執行上建議採取策略聯盟方式，結合材料上、中、下游同步研發，以爭取快速商品化之先機。技術引進也是本土無機材料工廠轉型以研製奈米材料、提升技術之捷徑。

❸ 運用創意快速商品化

對於台灣眾多下游加工型企業而言，應考慮進口國外（包括中國大陸）奈米材料或中間產品，發揮快速商品化之優勢，以生產高附加價值產品，搶攻新市場。在產業化過程中，業者應積極考慮善用大陸人才與技術。對於本報告所研究之 4 種奈米材料，在基礎產業與新興產業都有廣大應用潛力，業者可參考本報告之內容，進一步深入評估其效益與成本因素。在成本考量上，中國大陸之奈米材料將是一項優勢，或有利於及早投入研發試驗，然後掌握奈米材料應用之專利權或智慧財產權。

與公會協會合作建立認證體系

建立奈米產品認證制度在國內已經有高度共識，產業界也有迫切之需求，然而奈米產品種類規格眾多，需要有相關測試標準與檢驗認證實驗室才能進行，且又涉及認證、監督制度與發證後自主管理等龐大作業，故建議要結合各公會之技術委員會等相關既有組織來共同參與，才能快速有效建立奈米產品認證管理體系。對於尚未有產業公會之產業，如光觸媒產業，則建議積極鼓勵業者成立其產業協會，藉以加速產業發展與自主管理。

六 以奈米科技協助產業發展、打造台灣邁向「綠色矽島」

由於奈米技術的大量應用，可能要到 15 年之後，因此，奈

米國家型科技計畫的執行策略，是期望透過建置核心設施與分享機制，以及人才培育與養成來奠定基礎，以達到「學術卓越研究」及「奈米科技產業化」的目標。由於奈米科技的應用，擴及物理、化學、材料與生物科技等，產業應用更是無所不包，核心設施的建置，將會由國科會及經濟部技術處等共同參與；至於人才培育則由教育部顧問室來負責。目前將從小學、中學、大學再到研究所等，依據各學齡層需求，進行培育與觀念建立。

至於在產業化技術的推展上，包括經濟部能源局、技術處、工業局、原能會、環保署、衛生署與交通部等，都從民國 92 年起，開始執行各項技術開發計畫，工業局並將民生化工、金屬機電與電子資訊等三大重點產業的應用，列為民國 92 年度奈米的重點輔導產業。此外，工業局也將催生成立奈米技術產業化聯誼會，期能結合各產業公會與產業界，共同推動奈米技術的產業化。

奈米國家型科技計畫執行期間為民國 91 至 97 年，影響的產業領域則包括民生化工、金屬與機電、IC 電子與構裝、顯示器、通訊、資訊、儲存、能源、生技與基礎產業等。其中民國 92 至 94 年為播種期，這個階段研究發展投入，將以政府與相關研發單位，扮演主要推動的角色，並陸續促進各類產業投入研究發展，而部分奈米產品也可望開始進入市場。至於民國 95 至 97 年，則是成長與產業的整合期，在這個階段，國內各產業已具有奈米應用技術並衍生各項商品，而產業的競爭力也將逐漸強化，預期到民國 97 年，應用奈米科技的產值，可望達到新台幣三千億元，並進入產業的飛躍期，以期能在民國 99 年，達成奈米科技的產值達到新台幣 1 兆元的目標。

至於奈米科技所帶動的投資，將可分為新產品的投資，以及現有產業的改善投資兩項。其中在新產品的投資上，以高科技產品為主，譬如：顯示器、通訊與 IC 等，由於是新產品新製程，投入的金額會比較大。反觀現有產品改善的投資，則是在既有設

備不斷提升製程投入研究發展，以增強競爭力與衍生新產品的開發，進而開發新市場，投入的金額相對較少。

由於過去一直欠缺將學術研發的成果，與產業界需求銜接的機制，因此，奈米國家型科技計畫辦公室從民國 92 年 3 月起，每個月選擇不同的產業，舉辦學術與企業界交流研討會，讓產業界可了解學術界研發能量，進而提出產業界需求。

基本上，台灣的產業發展已經到達必須尋找技術升級的時刻，否則台灣的產業界，就只能不斷的將生產線，外移到製造成本比較低廉的國家。只要產業界的技術能升級，我們就不需要擔心大陸對台商造成的磁吸效應。由於台灣有相當不錯的化學工業基礎，而奈米科技的發展，則需建置在化學工業基礎上，因此，包括東南亞國家、新加坡、香港與韓國等，台灣在奈米科技的發展上，將具有相當不錯的利基。

台灣奈米科技有待專利保護、超越他國

奈米科技成為世界各國科技與產業發展的兵家必爭之地，國科會吳主委茂昆在一項「智權決勝：新興技術專利競合佈局大解析」的研討會上指出，像奈米這樣新興科技，台灣要領先，就要透過專利分析，掌握整體發展動向，了解競爭對手或產品的技術動向與開發，轉化成實際規劃佈局，才能以智權決勝國際。

奈米科技於建築上之運用

奈米科技的發展可說是材料界上一個重大突破，我國也將此項科技列為未來產業發展重點。然而奈米科技在營建產業裡還是屬於一個起步的階段，以下就奈米科技在建築與結構上的運用進行相關說明。

❶ 奈米科技於建築上之運用

(1)自潔效應：除了用在玻璃外，另可使用在建築外牆及衛浴

產品上。

(2)防止炫光運用：在玻璃中做了一層反炫光薄膜，使光線經過薄膜後，其反射造成的炫光會被散射掉。

(3)改質後的隔熱布：適用範圍可由-40℃到200℃。

(4)吸收紫外光：利用奈米級氧化鋅達到高分子材料抗UV老化的能力。

(5)增加抵抗摩擦的能力：利用奈米氧化鋁高硬度特性，添加在塗膜上（COATING）。

(6)太陽能光電板上的應用：藉由粒子的高表面積效應，增加其光電反應；利用奈米孔洞增加陽光效能。

(7)淨化空氣：利用二氧化鈦在奈米等級時產生強大的氧化還原能力，使細菌的活性減低甚至被分解，目前已廣泛應用在療養院的興建上。

❷ 奈米科技於結構上之運用

(1)結構控制：以MRF阻泥器改變設施的剛度，進而達到結構控制的效果。

(2)自行修復功能：在混凝土澆製時，添加奈米修復膠囊，在地震時釋放膠囊內的修復液體，可恢復結構局部強度。

(3)防水塗料：透過防水層的奈米改進，可間接延長部分結構壽命。

(4)隔震效果：經過鐵弗龍處理後的表面摩擦係數，利用奈米的方法直接在接觸面上做金屬改質，可增加隔震效果。

(5)結構修復與補強的材料：以奈米科技降低環氧樹脂熱膨脹的係數，運用奈米科技達成纖維等復合材料浸潤與擴散兩個步驟。

(6)奈米合金：晶粒愈小強度愈高，當晶粒達到奈米等級時，對於降低材料強度的差排效應也會被限制，韌性也隨之提高……。

各領域奈米科技之應用

我國於民國 86 年，開始有設立國家型計畫構想，隔年國科會規劃奈米尖端計畫，民國 91 年正式成立國家型科技計畫，吸引學術界大量投入；工研院也在去年正式成立奈米科技研發中心，朝奈米科技應用層面全力發展。

奈米國家型科技計畫在未來五年內不僅規劃研究方向、進度、預期成果、基礎設施等課題，以期將經費作最有效之利用，也考慮奈米科技對社會、文化之衝擊，以及對產業之影響，同時注重奈米教育之推廣，希望奈米科技能如網際網路一般，落實於生活之中。

❶ 奈米材料與製程技術

奈米科技是運用奈米尺寸特有的現象於材料和系統，在原子、分子、超分子層級探索其特性、控制其元件結構，其成功關鍵要素在於充分掌握材料及元件之製造及應用技術，並且要在微觀和巨觀的層次維持其介面的穩定性和奈米結構的整合性，故奈米科技為新材料的創出，提供新的方法，這些新材料不僅是更新、更強、更具彈性，而且材料本身更具交互作用、高靈敏度、多功能及智慧化。

在奈米科技產業化過程中，應充分應用物質本身特性於自組裝體系，達到過去經由設備和製程精密操控所達不到的精密結構。它的基本內涵是以奈米顆粒以及奈米管、奈米線為基本單元，在一維、二維和三維空間組裝排列成具有獨特的介觀性質的奈米結構體系，這些運用將為產業帶來便宜、可量產化之新特質、新產品及新機會。

以材料製造技術為起點，透過同步建構之量測分析技術檢測結果，改善材料製程並操控材料特性，並協助傳統產業高科技化。

(1)建立多孔性奈米材料的自組裝控制技術，達成陶瓷基板表

面平坦化。陶瓷基板表面平坦度＜50A、電阻率＞1011Ω-cm；後續薄膜金屬化模組相容性：metal/insulator厚度＞6μm、後續製程溫度相容性＞600℃、介電耗損 tanδ＜0.005@1MHz。

(2)開發高容量奈米級鋰電池負極材料合成及應用技術，包括奈米級負極材料之配方、分散及粉體鍍層技術。

(3)完成二次中性原子質譜（SNMS）檢測分析技術軟、硬體建立，具備快速、精準、高表面及縱深知成分結構檢測能力，並完成自組裝奈米結構披覆陶瓷基板表面成分、奈米模板成分及奈米粉體組成檢測。

(4)應用奈米科技提升觸媒效能，所合成之金觸媒具有高的觸媒活性、耐候性及穩定性，在溫室下每一克觸媒每分鐘可將5公升1%CO/Air完全氧化。研究結果將每個防災口罩之金觸媒使用量降至10克以下。

(5)開發高表面積電極材料，以介孔二氧化矽為奈米模板合成奈米介孔碳材，合成所得碳材具有高比表面積極均勻的介孔徑範圍分布，其比表面積＞900m²/g、孔徑：2～5nm、電容值＞1法拉。

(6)奈米微粉製程開發：建立奈米銀微粉製程及其穩定分散與凝集沈降控制技術、ITO導電塗料製程、配方及電性量測技術，及完成高活性正電極球形氫氧化鎳微粉製程開發與電性評估。

(7)微層感測技術開發：完成表面聲波式氣體微感測器微層元件，極表面聲波式氣體微感測器氣體可逆吸附薄層製程技術開發。

(8)微波吸收材開發：完成大哥大站台輻射防護材、電腦輻射防護材，及衛星轉播站輻射防護材製作技術建立。

(9)完成奈米級粉體在機能性纖維製造技術研究。

(10)突破傳統主元素少於3個的傳統合金觀念，開發出5～13種主元素的奈米結構多元高熵合金技術，具有高硬度（～Hv1000）、耐溫性（強度及加工硬化能力可維持至800℃以上），

及具有極佳的耐腐蝕特性。

⑾完成奈米碳球（Carbon Nanocapsule）生產純化技術開發，產出之碳球直徑約 5～50nm，初產物純度高達 70%，純化後可達 95% 以上，此技術達世界一流水準；奈米碳球具良好的分散性，易改質為水溶性，具有特殊的結構與光、電、力、磁的性質，可進行多種衍生物開發與應用。

⑿應用兩種以上觸媒系統，以同時 extrusion polymerization 方式，達到分子層級的混摻控制效果，發展出世界第一之技術；已成功合成超高分子量（Mw > 700 萬），高結晶度（Tm > 140 ℃）之 PE。

❷ 奈米電子技術

尋求更快、更低耗能及更微小的元件一直是全球上 IC 發展的共同目標。而由 IC 製程技術發展趨勢可知，目前已遭遇到必須尋求新材料、新結構與新製造技術之 IC 細微化極限的挑戰，因此發展奈米電子技術實為刻不容緩的工作。奈米電子技術發展包括自旋電子（Spintronics）、新介電材料（New Dielectric Materials）、奈米碳管元件（CNT Devices）以及量子元件（Quantum Devices）等。

⑴完成奈米電子實驗室的建置，整合奈米核心製程模組技術；製造國內第一顆 P 型奈米碳管場效電晶體，及全球第二顆不受大氣影響的 N 型奈米碳管場效電晶體。

⑵應用碳奈米管當電晶體的通道介質，配合 top-gate 技術，發展出製程簡單、穩定且能與目前半導體製程整合的碳奈米管場效電晶體（CNT-FET）製作技術，已完成 on/off ratio>105 的 P 型碳奈米管電晶體及 N 型碳奈米管電晶體製作、碳奈米管 NOT 邏輯元件之量測等。

⑶建立自旋電子之磁性記憶體與電晶體自主性關鍵技術，開發出較傳統設計 25%～75% 的寫入電流，可節省 38% 晶片面積的

高密度磁性記憶體佈局等的專利，並培養相關的技術人才，為台灣的未來產業作準備。

Chapter 5

奈米在醫療上的運用

重點摘要：

　　說到奈米科技的肇始，通常都會提到諾貝爾物理學獎得主費曼於 1959 年在加州理工學院所做的一場經典演講，講題是〈微小世界有很大的發展空間〉。在演講中，費曼以物理原理為基礎，倡言在原子層級操控物質的可能性，用以肯定回答他自己所提出的問題：「為什麼我們不能把 24 巨冊的大英百科全書由下而上的製作？所謂由下而上的製作方式，乃是從原子、分子出發，製備出奈米級結構，再由奈米級結構建構出微米級結構，再往上延伸為毫米甚至米結構，這與傳統的由上而下的方式相反。人類初始只能操控及製作大結構的材料與工具，而後隨著工匠技藝的發展，逐漸能製作出微細工具，以生產精密產品如鐘錶，最後隨著科技的進步，人類可藉由更精準的程序，製作出更微型化的高功能產品，如積體電路。這樣的操作方式幾乎已到達物理極限，要再往更細微的奈米尺度進展恐有其侷限。事實上，由下而上的方式正符合了自然界的形成規律，任何生物體的形成都是由基礎分子形成細胞，再由細胞建構組織，由組織組成器官，由器官形成系統，最後成為一完整的高等生命體。科技終將回歸自然法則，似是早已註定的。

　　近幾年，世界各主要科技先進國家或區域如美國、歐盟、日本等紛紛如火如荼地推動奈米科技，其中最具標竿意義的是，2000 年 1 月美國前總統柯林頓在理工重鎮加州理工學院所宣布的「國家型奈米科技先導計畫」，以大幅增加政府的奈米科技研發經費至將近 5 億美金，來宣示美國要在 21 世紀初在此一重要領域保持或取得領先的決心。從此，國際間在奈米科技上的競爭進入白熱化階段。官方、學術界、研究單位全都動起來，各式整合型奈米研究計畫、奈米研究中心、奈米科技學程、研討會等，如雨後春筍般冒出來。

一 奈米科技

何謂奈米科技？

　　目前最先進的積體電路其最窄線寬約為 100 奈米。所謂的奈米科技，就是在奈米尺度下操控物質，以製作、了解與使用具奈米結構的材料、元件及系統。物性質可能會與較大結構尺寸時大相逕庭。例如，起始燒結溫度與熔點可能大幅下降、反應性與觸媒特性可能大幅提升、不導電且易脆的陶瓷材料可能變得既導電又具延展性、導電金屬的導電度可能下降、油溶性的藥物可能變成水溶性、不透明的材料可能變得透明、半導體光電材料的吸光波長會往短波長偏移等。這些性質的改變，並非由於化學組成改變所致，純粹是由於結構尺寸的縮小所造成的。再加上由於元件與系統的奈米化，產品的體積微縮與功能提升可輕易達成。由此可以想像，由奈米科技製作出來的產品，其行為表現將顛覆世人的傳統認知，這將是一個嶄新的世界。

奈米效應

　　表面效應當材料粒子縮小到奈米等級，原材料的性質發生改變，或是出現原本沒有的性質，這個現象就是所謂的奈米效應。例如，當導電的銅粒子縮小到某一奈米尺度時就不再導電；原本惰性的金，在奈米尺度下可以當作非常好的催化劑等。當粒子尺寸縮小，表面原子數與總原子數的比急速增加，使得表面能增加，讓奈米粒子具有很高的活性。如果以高倍電子顯微鏡觀察金的奈米粒子，會發現表面原子彷彿進入一種「沸騰」狀態，粒子並沒有固定的形態或結構，性質非常不穩定。由於這個原因，即使在平常狀態下呈現惰性的金，甚至可以用來當作催化劑使用，

與原本的性質截然不同。當材料粒子變小，比表面積（表面積／體積）相對地增加，而比表面積增加會引發物質化學活性、光學、熱性質等的改變，這就是所謂奈米粒子的表面效應。

由於奈米粒子顆粒很小，每個粒子內包含的原子數目有限，許多現象與擁有大量原子的一般粒子不同。60 年代，日本東京大學久保（Ryogo Kubo）教授提出著名的久保理論，認為金屬奈米粒子費米能階（Fermilevel，絕對零度時電子占據的最高能階）附近的電子能階，會由連續狀態變為不連續的獨立能階。費米面附近的電子能階之間的距離，與金屬粒子直徑的三次方成反比。宏觀物體可視為包含無限個原子；也就是說電子總數趨近無限大，這時能階間距為零，能階呈連續態。但在奈米粒子中，電子數有限，就會產生能階間距，能階呈不連續狀態。貝爾實驗室的科學家曾經觀察到，隨著硒化鎘（CdSe）粒子變小，能隙加寬，螢光顏色會有從紅轉綠、再轉為藍的藍位移現象。另外，金屬粒子隨著粒徑減小，能階間隔增大，甚至會使原本是導體的金屬變為絕緣體。由於粒子顆粒小、體積小、包含原子少而產生的材料性質變化，我們稱作奈米粒子的體積效應。這時能階隨著粒徑變化、能隙或能帶改變，我們稱做量子尺寸效應（quantum size effect, QSE）。奈米粒子具有的特殊性質，會大為增加材料的利用性，這也是奈米材料吸引人的地方。

二 奈米與生活

對生活帶來的影響

奈米效應與現象長久存在自然界，並非全然是科技產物，例如：蜜蜂體內因存在磁性的「奈米」粒子而具有羅盤的作用，是蜜蜂的活動導航；蓮花之出淤泥而不染亦是一例，水滴在蓮花葉

片上，形成晶瑩剔透的圓形水珠，但不會攤平在葉片上的現象，便是蓮花葉片表面的「奈米」結構所造成。因表面不沾水滴，污垢自然隨著水滴從表面滑落，此奈米結構所造成的蓮花效應（Lotus Effect）已被開發並商品化為「環保塗料」。科學界尋求奈米結構的運作，簡單講就是向大自然學習；因此，奈米科技的應用是革命性、全面性，從太空科技到生物科技、從電腦工業到民生工業，任一領域都可見它的運用面，可謂「包羅萬象」。

　　當科學家第一次做出一條數十奈米寬的金導線時，就發現它的電性與一般熟知的安培定律不同，這就是奈米尺度下的量子效應。隨著奈米效應的陸續發現，如雨後春筍般發展出許多新的奈米產品，例如單電子電晶體、二維電子雲、量子計算元件、分子元件、巨磁阻現象、自旋電子元件、量子點、奈米線、奈米孔洞材料等無法盡數。

　　因此世界各國都積極投下人力和財力研發奈米科技：

❶ 德國研發「奈米牙膏」，利用微細黏膠顆粒能自動修補蛀牙裂縫。

❷ 英國研發「奈米氣喘警告手錶」，透過奈米微量偵測技術提早警告有致喘物質。

❸ 美國正發展間諜功能的「智慧灰塵」，灰塵中奈米偵測裝備可以收集資訊。

❹ 日本的「奈米玻璃」照到太陽後，奈米微粒氧化會自動清洗窗戶髒污。

❺ 韓國發展出「奈米碳管顯示器」，螢幕厚度不到一公分。

　　目前上市的奈米科技產品即可分為基礎材料、化妝品醫療領域、塑橡膠產品、磁記錄媒體、家電產品、運動器材、金屬產品、纖維產品、建材等。例如：

(1)奈米雪衣

　　質輕、保暖、不易髒污，備受登山界肯定，因而日益普及，

採用布質是奈米卡其布。

(2)奈米陶磁粉

主因奈米材料的細微化,可使地磚更為平滑,不易吸附灰塵,因而受到裝潢建築業者的重視。

而奈米科技對於所有產業都有全面性的影響:

❶影響傳統產業

來自於改變原料素材的特性:陶瓷表面奈米處理可防污抗菌;尼龍加入奈米微粒可耐熱;紙張衣料加上奈米塗劑可撥水撥油;金屬摻上奈米物質可提升強度;玻璃經奈米觸媒可自動清潔,改變之大、數量之多、用途之廣非常驚人。

❷高科技產業

以協助半導體、顯示器、資訊儲存及儲能等產業突破發展瓶頸。

❸基礎產業

以創新奈米科技開創材料、化工、機械等產業的新穎應用技術水準與新產品研發。生醫科技產業:以基因技術、醫療、醫藥以及組織工程為核心,開發各項創新應用產品,協助國內建立生技產業。

❹通訊與光電產業科技

著重行動化資訊、電信系統、光通訊等關鍵技術的開發,以確實掌握我國資訊時代來臨產業競爭力。

奈米現象　科技產品真假難辨

奈米科技愈來愈走紅,市面上到處可見打著「奈米」科技行銷的產品,從奈米化妝品、奈米內衣、奈米口罩到奈米馬桶、甚至奈米洗髮精⋯⋯,可謂應有盡有;這種「奈米現象」大紅的程度,令人咋舌;但這些產品果真都是最現代科技的結晶?

面對市面上琳瑯滿目的奈米產品,到底真偽如何?經濟部工

業技術研究院奈米研發中心表示，市面上利用奈米材料、技術所生產的奈米產品固然不少，不過，奈米科技畢竟還在起步階段，連發展都還談不上，因此，充斥市面上的奈米科技產品難免有假；問題是，辨別真假奈米的檢測機制、奈米產品的規格標準，目前尚且未建立，消費者只有多多充實常識、睜亮眼睛，才不會被「這奈米現象」矇騙了。

對於林林總總的奈米產品，兼任中央研究院奈米研發中心主任的物理所所長吳茂昆表示，商業界利用奈米粉粒、奈米纖維創發多元奈米產品，是另一種奈米科技的開發，值得鼓勵；至於商場信用、消費者權益，待市場機能去制衡。他認為，奈米科技可應用的範圍太廣，涵蓋食、衣、住、行、娛樂，其研發亦尚屬起步階段，還不適合以規格加以限制。

不過，奈米科技極為尖端，可以量產的奈米產品並不多，而且業界也還在嘗試了解市場的胃納量，奈米產品全面普及，還要一段時間。

奈米標章

奈米標章之涵義

設計擷取「∞」形態的無窮意象，表現奈米科技發展領域的無窮契機，狀似「8」的飛躍造型，將一公分解析成衣千萬份的微細昇華，洞見令人驚歎的美麗視野，1奈米到100奈米大小的世界，就是奈米科學與技術的天下，「8（發）」字與「∞」的傳達，展現科學與技術深入淺出的意境，引人入勝的萬象構組，從原理到應用扶搖直上。

圖 6-1　奈米標章

奈米科技產業所潛藏的危害

市場上以標榜「奈米科技」為號召的商品比比皆是，消費者在享受高科技的便利時，可知道國內許多從事奈米產業的勞工正身處危機之中。行政院勞工委員會勞工安全衛生研究所的調查指出，國內許多奈米科技廠商都曾發生過粉塵爆炸事故，此外，不當處理奈米粒子也可能引發中毒事故，為保障勞工的安全與健康，國內奈米產業的製程、設備及安全衛生知識仍有待改善與提升。

不可諱言，全球奈米科技正在如火如荼的發展，而當以研磨方式生產奈米粒子時，將會產生大量粉塵，因其粒子小，所需的引爆能量相對變小，僅需微小的摩擦火花或靜電，便可能引爆研磨機內粉塵。另外，粒子飛揚於空氣中，若忽視奈米粒子容易侵入人體組織的特質，將會造成勞工健康上的危害。在勞工安全衛生研究所調查的廠商中，以乾式研磨的廠商均曾發生過粉塵爆炸，廠商採取的改善措施是否正確及適用仍需商榷，另外乾式研磨的廠商皆採用通風設備降低粒子飛揚，但作業場地無劃定警戒區域及警告標示，勞工也無隔離操作，仍有危害勞工健康之虞。為改善上述問題，部分廠商則以加濕的液相操作方式，來降低製程的危害性。但調查結果發現，所有廠商均未訂定奈米粉體作業安全與衛生標準、安全衛生工作守則及標準作業程序，且未提供勞工相關危害資訊，對奈米之危害性的認知亦不足，勞工也無奈米粒子危害相關的安全衛生教育訓練，因此仍有改善的必要。

勞工安全衛生研究所為提升國內奈米科技產業的安全衛生，結合國外經驗及本土現況調查，提出「奈米工業安全指針」供國內奈米製造廠商進行風險評估及改善安全衛生參考，刻正協調經濟部對奈米標章驗證時，加入工廠安全衛生考量，明年將進行奈米產業普查，並制定奈米產業安全衛生規範，期望國內奈米科技

產業不僅在製程技術上能領先全球，更希望在製程的安全衛生上亦能與國際接軌。

三 奈米在醫療上的運用

奈米，在醫療上的貢獻成果逐漸顯著。因應奈米生物科技技術發展，對於疾病治療、藥物研發……等醫學上的運用皆有研究人員投入心血為奈米在醫學史上留下足跡。

碳奈米管有助於修復腦部損傷

義大利的特里斯蒂（Trieste）大學、費拉拉（Ferrara）大學、國際高等研究學院（SISSA/ISAS）以及國際材料科技聯盟（IN-STM）的研究團隊，成功地將腦部海馬迴（hippocampus）的神經細胞培養在塗布碳奈米管（carbon nanotubes）的玻璃載體上，同時也發現碳奈米管能促進神經細胞之間的訊息傳遞。

特里斯蒂大學的 Laura Ballerini 和 Maurizio Prato 表示，將碳奈米管和神經元放在一起培養的想法來自於它們結構的相似性，延長生長的神經細胞與圓柱狀的碳奈米管外觀類似。由於碳奈米管本身具有導電或半導電性，因此理論上應可作為輔助元件，用來聯結原先在結構及功能上已失連的神經元。

為了將多壁式碳奈米管塗布在玻璃基板上，研究員以砒咯啶基團（pyrrolidine groups）活化碳管，再以有機溶劑二甲基甲醯胺（dimethylformamide）促進溶解。然後把含多壁式碳管的溶液滴在蓋玻片上，待有機溶劑蒸發後，再以加熱處理方式使蓋玻片上的碳奈米管失去功能。

研究人員將腦部海馬迴的神經細胞分別培養在有塗布及未塗布碳管的蓋玻片上，然後持續監測神經元的生長情形 8～10 天。神經細胞在兩種蓋玻片上不但有類似的生長情形，且細胞靜止膜

電位（resting membrane potential）、輸入阻抗（input resistance）、電容率（capacitance）及內在激發性反應（intrinsic excitability）都很相似，不過培養在有塗布碳管玻片上的神經細胞其突觸後電流（postsynaptic currents）頻率比未塗布的對照組高 6 倍。

Ballerini 強調，這是科學家首度證明碳奈米管能大幅提升神經訊息傳遞的效能，可望提供組織工程新的發展方向，例如研發出能連結受損神經元或直接提升訊息傳遞效率的材料。Ballerini 預見他們的研究結果將直接衝擊慢性神經系統植入物的設計。

✈ 奈米微粒技術有助於診斷阿茲海默症

美國西北大學和洛許（Rush）大學的科學家應用以奈米微粒為基礎的生物條碼（bio-barcode）技術，來測量阿茲海默症（Alzheimer's disease）病患腦脊髓液（cerebrospinal fluid,CSF）中微量的擴散性β類澱粉蛋白配位子（amyloid-β-derived diffusible ligands, ADDL）。由於 ADDL 是阿茲海默症的標誌，這項技術對於阿茲海默症的早期診斷提供了一套可靠的方法。

西北大學奈米科技所所長 Chad Mirkin 表示，ADDL 只有 5nm 寬，且在腦脊髓液中的濃度很低，很難以一般方法偵測，而該研究小組的生物條碼放大技術靈敏度比其他診斷技術高百萬倍，因此可準確分析腦脊髓液中的 ADDL。

這項技術主要是利用直徑 30nm 的金奈米微粒和磁性微珠。研究人員將這兩種粒子都接上 ADDLs 的抗體，其中金奈米微粒同時接上數百股做為條碼使用的 DNA 片段。ADDL 分子經由與抗體的結合而連接上金奈米微粒及磁性微珠，因此科學家可以使用磁場將 ADDL 分離出來。接著再取下連接 ADDL 分子的 DNA 條碼，並以晶片進行標準的 DNA 檢測。由於每個奈米微粒上都連接了許多股的條碼 DNA，因此這個方法還能放大 ADDL 分子

的信號。

科學家以此方法測量了 30 個人的腦脊髓液檢體，其中半數被診斷罹患阿茲海默症，而另一半為正常對照組，結果阿茲海默症病患的 ADDL 濃度都比對照組來的高。目前阿茲海默症的診斷主要是靠檢視病歷資料、檢測患者腦部斑塊影像、神經心理測試，以及認知和神經學方面的測試，但這些臨床檢查的準確性只有 85%。

西北大學神經生物學和生理教授 William Klein 指出，待患者腦部出現斑塊影像為時已晚，因此近來許多研究著重在尋找腦脊髓液中的阿茲海默症生物標記，而 ADDL 的累積可能是該疾病最早出現的生物標記。如今這個強而有力的診斷技術證實了科學家的臆測。

研究小組計畫進一步發展偵測血液或尿液中 ADDL 的技術，因為這類檢體比腦脊髓液更容易取得。這個方法可推廣應用來偵測如愛滋病、癌症和庫賈氏症（CJD）的生物標記。

金奈米微粒揭開腦部活動的奧秘

法國波爾多大學（Bordeaux University）的科學家藉由奈米微粒造影技術（nanoparticle-based imaging technique），朝揭開人類記憶的奧秘又前進了一步。研究團隊將生物分子接上金奈米微粒，然後觀察合生物分子在大鼠突觸細胞（synapse，即神經細胞的連接點）中如何改變位置。

研究成員之一的 Laurent Cognet 表示，以雷射照在黃奈米微粒，它會將吸收的能量以熱的形式釋放到周圍的環境中，稱為光熱效應（photothermal effect），此效應會改變毗介質的折射率，因此可以用來定位奈米微粒。科學家發展這種粒子造影法，原先只是想克服螢光顯微術由於受制於光漂白現象（photobleaching）而觀察時間很短的問題。

小組領導人 Brahim Lounis 指出，金奈米微粒技術使科學家得以研究非螢光奈米物體，因此非常重要，雖然解析度受到光學儀器的限制，但該小組目前的技術可偵測到小至 2.5 奈米大小的微粒。

波大的技術以閉環掃描平臺（closed-loop scanning platform）為基礎，採用兩個雷射光源，一為波長 532 奈米的 Nd:Yag 雷射，另一為波長 633 奈米的 HeNe 雷射；前者加以時間調制（time-modulated）（頻率變化範圍為 100^{-15}MHz），目的是用來加熱金奈米微粒，後者則瞄準樣本並與快速光電二極體（photodiode）耦合，藉由鎖定反射訊號中的特徵拍頻（beat frequency），來追蹤奈米級目標。

腫瘤新剋星：碳奈米管雷射療法

美國史丹佛大學的研究人員利用單壁式碳奈米管（single-walled carbon nanotube, SWCN）搭配雷射光，可以選擇性地摧毀癌細胞。這種經修飾過的奈米管會進入癌細胞，然後藉由近紅外光雷射加熱，達到殺死癌細胞的目的。

史丹佛大學的戴宏傑（Hongjie Dai）表示，標準的化學治療會同時摧毀癌細胞和正常細胞，因此病人會飽受落髮及其他副作用之苦。為了能選擇性地殺死癌細胞而不損及正常細胞，Dai 等人將葉酸的改造物（folate moiety）接上碳奈米管，使之具有葉酸官能基。癌細胞與正確細胞的差別之一是其表面具有葉酸受器，因此在實驗中只有癌細胞會經內噬作用（endocytosis）吞入這些經修飾過的奈米管。

研究人員接著以近紅外光雷射照射試片；近紅外光會激發奈米管結構內的電子，使其產生熱藉以摧毀周圍的癌細胞。在標準狀況下，以波長 808 奈米、功率 1.4W/cm^2 的雷射光照射兩分鐘，就可以殺死大量癌細胞，這種波長的光卻可通過而且不會損及正

常細胞。

戴宏傑指出該機制是利用奈米管的本質特性來發展摧毀癌細胞的武器,實驗中使用的是光束寬 3 公分的手持式雷射,研究人員可隨心所欲地照射選定的目標如皮膚,或透過光纖照射體內的器官。葉酸只是該研究小組的實驗模型之一,實際上的作法很多,例如將碳奈米管接上特定抗體,就可針對某種特定的癌細胞作治療。

美國萊斯大學也進行過類似研究,他們以金奈米殼加熱殺死腫瘤細胞,與碳奈米管有異曲同工之妙,但史丹佛小組表示,奈米管摧毀癌細胞所需的雷射光劑量較金奈米殼來得低,照射時間也較短。

該小組曾將 DNA 與奈米管接合,利用細胞的吞噬作用將奈米管送入細胞內,再以近紅外光脈衝破壞奈米管附近的胞膜,釋出 DNA 而不致於殺死細胞。這種方法能將治療用的 DNA 送入細胞,以協助對抗各種生物感染及疾病。

奈米細胞可以治療腫瘤

美國麻省理工學院(MIT)和懷海德生物醫學研究所(Whitehead Institute for Biomedical Research)的科學家,設計出能以兩種不同機制攻擊癌細胞的奈米細胞(nanocell)。奈米細胞內含有對抗血管新生(anti-angiogenesis)的藥物以及臨床上常用的抗癌藥物艾黴素(doxorubicin),前者能摧毀腫瘤血管,後者則可直接對付癌細胞。

研究小組以聚乙二醇(poly ethylene glycol, PEG)摻合磷脂質(phospholipid)形成的共聚物做為奈米細胞的封套(envelope),裡面包含抗血管新生成藥物combretastatin-A4,核心則是由常見的生醫材料聚乳酸聚甘醇酸(poly-(lactic-co-glycolic) acid, PLGA)與抗癌藥物艾黴素形成的奈米微粒(nanoparticle),

整個細胞狀結構直徑約 180 至 200nm。

MIT 的 Ram Sasisekharan 指出，奈米細胞是結合腫瘤生物學、藥理學和工程學的產物，這種對抗血管新生的方法可以迴避癌症治療上的兩大難題——藥物對正常細胞的毒性及癌細胞的抗藥性。不過如果只是破壞供應腫瘤的血管，化療藥物亦無法經由血液送達腫瘤的部位，因此科學家設計的奈米細胞除了阻斷腫瘤的血液供應外，同時還要能夠攜帶化療藥物。

供應腫瘤血液的血管壁孔徑約 400～600nm，比一般正常血管稍大，因此奈米細胞會優先到達腫瘤，一旦封套破裂，釋出的抗血管新生藥物會造成血管塌陷，使奈米細胞連同化療藥物滯留在腫瘤內。藥物釋放實驗結果顯示，抗血管新生藥物 combretastatin 在 12 小時內就有明顯的增加，相形之下，化療藥物 doxorubicin 的釋出約需 15 天。

研究人員以奈米細胞治療帶黑色素瘤細胞（B16/F10 melanomas）或 Lewis 肺癌細胞（Lewis lung carcinoma）的白老鼠，結果發現此方法對黑色素瘤的療效比對 Lewis 肺癌好，而 80%的老鼠可以存活超過 65 天，相對地以目前最好的方法治療的老鼠只能存活 30 天。研究小組藉此有系統地評估藥物組合及裝載機制，他們相信藉由奈米細胞與分子探針的結合，可望發展出鎖定腫瘤血管的療法。

奈米線可偵測血液中的癌症標記

美國科學家成功地使用矽奈米線（silicon nanowires）陣列，檢測出血液中微量的癌症分子標記（molecular marker）。哈佛大學的 Charles Lieber 表示，奈米線陣列只需要幾分鐘就可以在一滴血中掃描檢測出多種癌症標記，這是奈米科技在醫療上的應用，提供了一項明顯優於現行方法的臨床技術。

該裝置包含矽奈米線場效電晶體（field-effect transistor），

其中使用了p型及n型的奈米線。奈米線連結了作為癌細胞標記受器的單株抗體，當標記蛋白質與奈米線上的單株抗體結合後，奈米線的導電率會根據本身的摻雜程度及蛋白質的表面電荷而改變。例如，表面為負電荷的蛋白質會提高p型奈米線的導電率，但會降低n型奈米線的導電率，因此，p型及n型奈米線同時存在可預防出現偽陽性結果。

研究人員已發展出能偵測前列腺癌特定抗原（PSA）、前列腺癌-α1-抗胰凝乳蛋白酶（PSA-α1-antichymotrypsin）、癌胚抗原（carcinoembryonic antigen）及黏液蛋白1等腫瘤標記蛋白質的奈米線檢測元件，前兩者是醫師經常用來判定攝護腺癌的物質。每個奈米線感應晶片含有約200個各別可尋址的元件，並由一條微流渠道導入樣本。

Lieber指出，這些元件在區分不同分子的表現上近乎完美，它能處理濃度0.9pg/ml的未稀釋的樣本。除了高靈敏度外，這項技術還具有可同時偵測不同標記誌，以及無需使用標記就能即時偵測的優點。

Lieber等人也製作了檢測端粒脢（telomerase）的元件，至少80%的癌症病人體內都可以找到這種活化的核糖核蛋白複合體。科學家們將矽奈米線接上與端粒脢互補的寡聚核苷酸引子，然後導入含端粒脢的細胞萃取物，結果發現帶正電的端粒脢使p型奈米線的導電率降低。

鼻吸式奈米球成為防疫新利器

日本大阪（Osaka）大學、日本先進科學技術專案（CREST）與瑞典隆德（Lund）大學的研究人員最近檢驗了攜帶破傷風類毒素（tetanustoxoid）的聚苯乙烯奈米球，如何影響人類細胞內的基因轉錄過程（gene transcription）。這種奈米球可望發展成為能對抗數種疾病的鼻吸式疫苗。

　　隆德大學的 Carl Borrebaeck 表示，黏膜免疫法（mucosal im-munization）由於用法簡單，重要性與日俱增，然而從未有人對奈米球在生物上的作用進行基因分析（genome-wide analysis），該研究小組因此採用高密度 DNA 晶片來檢測奈米球的效應。

　　Borrebaeck 等人將破傷風類毒素抗原接在直徑約 460nm 的聚苯乙烯奈米球表面上，然後將奈米球導入含未成熟人類單核球（monocyte）衍生樹狀細胞的試管（dendritic cell）中。人體到處都有樹狀細胞，但在抗原入侵的區域內樹狀細胞的數目會特別多，例如當皮膚及黏膜暴露在抗原下，身體的免疫反應會導致樹狀細胞成熟、移動到第二線的淋巴腺組織，並活化 T 細胞。

　　螢光顯微術的觀察結果顯示，樹狀細胞會吞噬帶有螢光染料分子的奈米球，而在為期三天的測試期間，奈米球並未對細胞產生毒性。帶有破傷風的奈米球會促使樹狀細胞成熟，後者會釋出分子成熟標記（molecular maturation markers），其中包括 HLA-DR 和 CD86 兩種免疫反應相關的標記分子。研究人員發現，攜帶抗原的奈米球會直接影響扮演免疫哨兵的樹狀細胞，不過構造不同的奈米球會有不同的免疫作用。

　　研究人員使用高密度微陣列（microarray）分析經奈米球處理過的樹狀細胞，發現經帶有破傷風奈米球處理過的細胞會有 100～175 個基因的表現量是對照組的兩倍，而以未帶破傷風的奈米球處理的細胞，只有少數的基因表現量增加，因此，對樹狀細胞的基因調控而言，將抗原固定在奈米球表面造成的影響要比單獨使用抗原來得顯著。

　　Borrebaeck 表示，不同的聚合物可作為訂製奈米球（custom-designing nanospheres）的材料，包括生物可分解的聚合物，用來教育免疫系統以獲得預期的效果，比方說增加毒殺 T 淋巴細胞（cytotoxic T lymphocyte, CTL）的反應或統合免疫球蛋白（im-munoglobulin, Ig）。

金奈米棒可追蹤血液流動

美國普渡大學的研究人員利用單一金奈米棒的雙光子冷光（two-photon luminescence, TPL）影像來追蹤老鼠耳朵內血液流動。金奈米棒 TPL 除了可以進行立體造影外，與利用 rhodamine 染料分子的雙光子螢光信號相較，金奈米棒的信號強了 58 倍。

普渡大學的 Alex Wei 表示，金奈米棒由於在近紅外波段有可調變吸收的特性，又具有生物惰性，因此被看好成為生物造影的對比媒介。Wei 等人使用的是平均長度為 49nm 的啞鈴形的金奈米棒，其中心部位約有 16nm。他們以波長約 850nm 的 Ti:sapphire 雷射作為光源，透過掃描式共焦顯微鏡（scanning confocal microscope）取得到金奈米棒產生的雙光子冷光影像。

實驗顯示，雙光子冷光的激發光譜和金奈米棒的縱向電漿子頻帶（longitudinal plasmon band）重疊，研究人員因此認為雙光子冷光訊號強度因電漿子共振（plasmon resonance）的局部增強而獲得大幅提高。金奈米棒的電漿共振發生在近紅外波段，由於水和生物分子在此波段內的吸收相對較低，因此很適合生物造影。

Wei 指出，癌症之類疾病的早期偵測，有賴於可靠且靈敏度達單細胞等級的技術；上述金奈米棒的實驗證實了該小組另一成員 Cheng 發展出的非線性成像方法，的確有能力進行這種等級的偵測。

根據研究人員的說法，雙光子冷光訊號與激發強度的非線性相關意味著它在軸方向也能被解析，因此提供了三度空間的解析度。訊號強度也隨著激發的偏振態改變（呈 $\cos^4$ 的關係），科學家認為這點在方位上提供額外的資訊。

暴露在奈米材料下的基因會被活化

美國勞倫斯・柏克萊國家實驗室、肯塔基大學、Affymetrix

生技公司及加州大學的研究人員發現，長期暴露在多層碳奈米管（multiwalled carbon nanotubes）與多層碳奈米蔥（multiwalled carbon nano-onions）下，會抑止人類皮膚細胞的周期並增加細胞的死亡率。研究團隊藉由觀察細胞的基因表現圖譜（gene expression profile），發現奈米物質會干擾一些細胞途徑。

勞倫斯‧柏克萊國家實驗室的 Fanqing Frank Chen 表示，雖然已有文獻指出奈米物質對細胞具有毒性，但若要在基因層面上獲得通盤的了解，仍有待詳細且綜合的分子生物研究，而該小組是第一批在分子層級上描述碳奈米材料毒性的研究團體，他們也確認了細胞凋零（apoptosis）、細胞周期延遲（cell-cycle delay）、細胞傳輸（cellular transport）及發炎（inflammation）與處理奈米物質有關連。

Chen 等人發現奈米管及奈米洋蔥會活化包括細胞傳輸、代謝、細胞周期調控及當細胞承受壓力時的基因表現。多層碳奈米管會引發強烈的發炎及免疫反應，奈米洋蔥造成的基因改變則主要是在對於外界刺激的反應上。研究結果顯示奈米管的毒力較奈米洋蔥強約 10 倍。

根據 Chen 的說法，這項研究成果的第一個應用是做為奈米管及奈米洋蔥相關從業人員的安全指南。該研究小組採用的研究方法也可以用來檢驗其他奈米物質。此外，雖然碳奈米材料的毒性不像傳統毒物那麼強，但由於其毒性相當持久，因此研究小組正在研究以這些奈米材料進行癌症治療的可能性。

碳奈米微粒促進血液凝固

美國德州大學、俄亥俄大學與波蘭 Silesian 心臟病研究中心的科學家共同發現，某些碳奈米微粒可能會促進血液凝固（bloodclotting）。他們的研究發現單壁（single-walled）及多壁式碳奈米管（multiwalled nanotubes）、混合碳奈米微粒（mixed carbonnanoparticles）甚至標準的市區空氣中的微粒，都會增加血小板的凝集作用（blood platelets aggregation），而富勒烯分子（fullerene）則沒有這種效果。

德州大學的 Marek Radomski 表示，他們測試了碳奈米微粒對人類血小板以及大鼠頸動脈（carotid artery）的影響，結果發現富勒烯分子對人類血小板不起作用，也只會導致大鼠輕微血栓。對血小板凝集及血栓的影響最大的是混合碳奈米微，其次依序是單壁、多壁式碳奈米管及標準市區空氣中的微粒（平均粒徑約 1.4 微米）。

Radomski 指出這項研究並非為了反對奈米科技；奈米科技具備了改造醫學的重要潛力，因此最好事先評估這項新技術的風險，以確保這項技術是在謹慎及資訊暢通的情況下發展。

上述碳材料可能藉由活化血小板上的凝集醣蛋白整合素受器（glycoprotein integrin receptor），導致血小板凝集，不過不同的碳奈米微粒活化整合素受器的分子路徑可能都不一樣。

Radomski 表示，雖然流行病學的研究證據顯示，人類暴露在粒狀物質下，的確會增加罹患心血管疾病的風險，但造成這項風險的機制並不清楚。由於他個人的研究興趣是凝塊的形成，因此想了解不論是燃燒造成的污染物或是使用於各種奈米醫學裝置中的奈米微粒，對於形成凝塊有何作用。

科學家相信奈米管能像分子橋一樣能連結血小板，富勒烯分子則不然。這意味了以富勒烯分子在藥物輸送或醫學造影上較具優勢。

奈米碳管可快速通過身體

奈米碳管具有在人體中作為投藥及基因傳遞載具的潛力，有鑑於此，英國倫敦大學、法國國家科學研究中心（CNRS）分子及細胞生物研究所（Institute of Molecular and Cellular Biology）及

義大利的特瑞思特大學（University of Trieste）的研究人員，研究了單壁式奈米碳管如何透過靜脈注射在身體中移動。

倫敦大學的 Kostas Kostarelos 表示，他們的研究發現，官能化（functionalized）的碳管跟原始碳管一樣，可由血液循環快速進入尿液排出體外，而不會明顯地累積在組織中或在器官內起複雜的作用，這點對於奈米碳管在毒性及安全方面的考量上相當重要。

Kostarelos 等人藉由單壁奈米碳管與 diethylcntriaminepentaa-cetic（DTPA）螯合，並以放射性的銦（indium）同位素標記碳管，以利擷取影像。研究人員將標記的碳管以靜脈注射方式打入老鼠的體內，並以伽瑪閃爍計數器（gamma scintigraphy）追蹤奈米碳管，結果發現碳管並不會滯留在脾臟或肝臟內，而是藉由血液循環經腎臟排入尿液中。此處奈米碳管的半生期（half-life）大約是三小時。該小組隨後以電子顯微鏡檢驗尿液樣本，結果顯示奈米碳管被原封不動地排出來。同樣地，多壁式奈米碳管也可原封不動地穿過生物體內。

研究小組希望這項研究可以做為未來官能化奈米碳管在治療及診斷等生醫應用上的基礎，目前他們正在設法延長奈米碳管在血液循環中的半生期，以便使碳管能到達目標組織；令人慶幸的是，科學家現已明瞭，除非碳管的表面有重大的改變，否則碳管最終可以在沒有為主要器官帶來併發症的情形下，完全排出體外。

奈米微粒的大小影響細胞吞噬

加拿大多倫多大學的科學家發現，金奈米微粒的大小及形狀會影響哺乳動物細胞吞噬它們的速率。這項研究成果將有助於投藥及造影等生物醫學應用上的奈米結構設計。多倫多大學 Warren Chan 表示，奈米微粒應用在螢光標籤、投藥等細胞生物學的研究雖然不少，但卻無人探討奈米微粒的大小及形貌如何影響微粒

進入細胞的途徑。了解箇中的關係，除了可提升偵測的靈敏度、投藥的效率等，還有助於研究人造奈米結構的毒性。

Chan等人使用尺寸介於14至100nm的球形及棒狀的金奈米微粒，將它們與海拉細胞（HeLa cells）在含有 10%血清的生長培養溶液中共同培養六小時後，然後藉由感應耦合電漿原子發射光譜（inductively coupled plasma atomic emission spectroscopy）計算細胞內的金微粒濃度。結果顯示海拉細胞吞噬最多的是大小約50nm 的金微粒，且這些微粒只進到細胞質，不會進入細胞核。細胞內 50nm大小的金奈米微粒最大數量達 6,160，而 15 及 74nm 的微粒數量分別是 3,000 和 2,988。

研究團隊認為此吞噬過程背後的機制是以受器為媒介，他們推測金微粒先吸附血清蛋白在表面上，然後藉由血清蛋白促進細胞膜受器的內噬進入細胞。

實驗結果顯示，微粒的形狀扮演重要的角色，因棒狀金微粒在細胞中遠比球型微粒來得少，例如，細胞吞入直徑 74 及 14nm 的球狀微粒數目是 74×14nm棒狀微粒的 5 及 3.75 倍。研究團隊認為這是因為金微粒的形狀影響了它與細胞表面受器的接觸面積，或是因棒狀微粒在合成過程中表面附有十六烷基的三甲基銨溴化物（cetyltrimethylammonium bromide）的緣故。

以檸檬酸穩定（citrate-stabilized）的金微粒會比經轉鐵蛋白包覆（transferrin-coated）的微粒較易被細胞接受，研究人員認為這是因為相較於後者表面只有兩種轉鐵蛋白，前者表面具有多種血清蛋白，可藉由更多的受器進入細胞。

研究人員表示，上述研究結果顯示，他們可以透過改變金微粒的大小及形狀，來調整微粒所攜帶的蛋白質、藥物及寡核苷酸（oligonucleotide）的傳遞效率。

四 結論

　　整理許多奈米相關文章之後，對於奈米有了較初步的認識。「奈米」這個單位詞說明了未來的科技變化將逐漸轉至微米時代，大自然早已創造出奈米級的自然物，而人類科技發展至今才漸體會到奈米對於生活中的益處。大地之母創造萬物，必有其道理所在，人類尚須向大自然學習啊！

　　奈米科技運用於生活中的各項物品包羅萬象，從衣服、建材、化妝品、醫療領域……等，生活物品皆可能運用奈米技術製造。最令我感到興趣的是醫療領域，眾多的醫療事件中，奈米科技運用於醫療上除了奈米藥物研發之外，人體治療亦是重點之一。運用奈米科技，仰賴以奈米技術研發出的奈米產品：碳奈米管、奈米線及奈米微粒……，來達成攜帶藥品或運用其他原理使其在醫學上做出相當大的貢獻。未來，神經受損修補、癌症治療過程縮短或減少副作用指日可待。

　　雖說奈米在醫療貢獻極大，對人體的影響仍是不可忽視。奈米藥物研發，對細胞的通透性加強，投藥過程與藥物代謝過程仍必須經過一段時間的嘗試，傳統藥物的投藥過程為維持血液中的藥物濃度，必有其投藥時間的限制，奈米藥物作用或許較傳統藥物的功效更強，對人體也有相對的危險性，了解奈米藥物與奈米科技運用於醫療上對人體的影響，才能說是奈米醫療系統完整的開發。現在一切僅起於奈米醫療開端，仰賴眾多科學家的研究，讓奈米的世界更是多采多姿與增加對文明世界的貢獻。

Chapter 6

奈米金屬奈米合金材料發展
快速應用趨廣泛

重點摘要：

以黃金為例,當它被製成金奈米粒子(nanoparticle)時,顏色不再是金黃色而呈紅色,說明了光學性質因尺度的不同而有所變化。

又如石墨因質地柔軟而被用來製作鉛筆筆芯,但同樣由碳元素構成、結構相似的碳奈米管,強度竟然遠高於不銹鋼,又具有良好的彈性,因此成為顯微探針及微電極的絕佳材料。

奈米結構,除了尺寸小之外,往往還擁有高表面/體積比、高密度堆積以及高結構組合彈性的特徵。

所謂的奈米科技,便是運用我們對奈米系統的了解,將原子或分子的設計組合成新的奈米結構,並且以其為基本<建築磚塊>(building block),加以製作,組裝成新的材料、元件或系統。

因此,在製程的觀念上,奈米科技屬於<由小做大>(bottom up),與半導體產業透過光罩、微影、蝕刻等<由大縮小>(top down)的製程相當不同。

一 奈米科技,涵蓋的領域相當廣

從基礎科學橫跨至應用科學,包括了物理、化學、材料、光電、生物及醫藥等。

例如:奈米科技專家,利用一種一端呈輪狀的合成酵素來驅動微型螺旋槳,製造出大小僅十幾奈米的分子馬達,成為分子機械上的一大突破。

例如:IBM已成功地採用半導體碳奈米管製成場效電晶體,並進一步製作出單分子邏輯閘,是為分子電子學上的一大進展。

在產業方面,奈米科技已經被公認為21世紀最重要的產業之一。從民生消費性產業到尖端的高科技領域,都能找到與奈米科技相關的應用。

總之,人類文明在歷經前兩個世紀的機械、電子乃至於資訊

科技所帶來的工業革命，第四次工業革命的腳步，儼然已隨著奈米科技的興起而到來，且由於其涵蓋領域甚廣，潛在的影響範圍，遠超過半導體資訊產業。因此目前世界各國無不競相投注大量的人力與資金進行相關的研究開發。

奈米金屬奈米合金材料發展快速應用趨廣泛

奈米金屬與合金定義奈米金屬是指金屬基材中含有奈米粒子或奈米結構組成之金屬材料，若為含有兩種以上成分者稱為奈米合金。奈米粒子具有不同幾何形狀，而奈米結構組成包括結晶、非結晶、組織、界面層等結構。因此，奈米金屬或合金基本上是必須具有下列兩大特性：

❶ 奈米級尺寸

材料尺寸、結構或界面具有可以辨識之介於 1 奈米到 100 奈米尺寸之大小（介觀尺度）。就空間而言可分為零維（粒子）、一維（棒、管、線）、二維（如鍍層或薄膜）與三維奈米結構，分別代表微粒狀、線狀、片層狀與三維方向可鑑別之排列構造。

❷ 新穎的特性

必須具有異於塊材（bulk material）之特殊而新穎的性質。微小尺寸僅只是奈米材料必要之基本條件，但更重要的是在微觀奈米狀態下，能實證出特殊新穎的物理或化學性質，例如電性、磁性、光學、熱性質與化學活性等。

奈米金屬材料特性目前商品化奈米金屬粒子產品快速發展，包括已經實用化的金、銀、鎳、鋁等材料。金屬奈米粒子化並非是最近才開始，日本從十多年前開始就有進行研究開發。但由於早期一般來說並非是以奈米尺度（Scale）來稱之，而多是以超微粒子來加以稱呼。但近來奈米技術潮流興起與基礎研究發現許多新特性，而開始進入實用化階段，使得奈米材料發展更受到注目。

金屬系奈米材料的特性為，當金屬粒子大小為幾十奈米以下的奈米粒子所形成時，表面面積就變得非常大，粒子邊緣介面與裸露銳角增加，且由於固體／氣體界面或固體／液體間的界面面積也變得非常大，因此表面的特性就會受到固體物質的特性很大的影響。再者當粒子大小低於光的波長、以及導體的平均自由路徑及磁性體的磁區都小，因此，能發揮出相異於同種塊狀物質（Bulk）的電子、光學、電氣、磁氣、化學及機械的新穎特性。

奈米粒子化的金屬在物理特性優點包括；可透過低溫燒結成型、電阻阻抗值較低等，使得導電性薄膜及電子零組件的超微細線路圖樣成形（Patterning）等成為可能。特別是在超微細線路時，當粒子大小在 10nm 以下，就能以噴墨（Ink-jet）方式形成線路圖樣（Pattern）。此種方式比起傳統曝光蝕刻（Lithography）及金屬材料蝕刻（Etching）方法將可更簡單化，並且也能降低成本。因此，銀奈米粒子材料被認為對電子零組件的微細化有卓越的貢獻，但由於在原料上是使用銀，因此在降低成本上有所困難，因此，期待以較便宜的價格所製造出的銅奈米子材料的開發。另外，以機械性質提升而言，奈米粒子化的金屬結晶可以使材料強度、延展性、剛性與耐熱性等都大幅的提升。

金屬奈米粒子的合成方法金屬奈米粒子的合成方法，可分為固相法、氣相法、液相法；固相法是由往下切割（Top-down）法減小物理尺寸，如可藉由混合、造粒、燒結然後粉碎的工程，而合成微粒子，其最後的粉碎處理成本較高且粒子粒徑也僅能達到約 100 奈米。其次現在進入奈米粒子材料生產的廠商多採用往上堆積（Bottom up）法的氣相法與液相法。氣相法包括藉由高溫蒸氣冷卻的物理氣相沈積（PVD）法，與從氣體原料經由化學反應而形成的化學氣相沈積（CVD）法。

除了 PVD 法與 CVD 法之外，可藉由反應或熱源不同，而區分為化學燃燒製程法、電漿製程法（Plasma Process）、雷射製程

法（Laser Process）與電熱爐加熱過程等 4 種方法。CVD 法的特徵是可由蒸氣及反應氣體的濃度、載體氣體（Carrier gas）等選擇，而控制粒子大小、形態、結晶構造，而使不純物質難以進入。CVD 法對於合成多成分系的奈米粒子上，由於要二個以上的原料，結果當產生原料蒸氣壓不同的情況，由於會有不同的化學反應產生等，容易會形成不均等的組成。PVD 法方面，藉由原料的材質與冷卻溫度及試驗材料的蒸發溫度等的控制，而產生粒子大小在 10nm～100nm 的範圍。要合成大小一致的奈米粒子，在快速高溫之後讓它迅速冷卻，對一次粒子的成長及控制燒結是相當重要。

　　液相法方面，由於在液相中的化學反應，製造微粒子有溶膠—凝膠（Sol-gel）法、逆微胞（Micelle）法、熱皂（Hot Soap）法等，至於噴霧熱分解法從液滴到奈米粒子生成的方法都包含在內。液相法由於在分子層級使用充分混合的原料溶液，因此可利用化學當量理論，達到連續控制微粒子的目的。但溶膠—凝膠法、逆微胞法、熱皂法的原料價格較為昂貴，由於製造過程包括過濾、乾燥、加熱處理等多重步驟，設備上也相當複雜，成本相當昂貴。

　　噴霧熱分解法，適合多成分系的微粒子材料的製造，能成功的直接製造出螢光體微粒子，目前多使用在紫外線遮蔽（UV Cut）的二氧化矽（SiO2）的奈米粒子製造。藉由噴霧熱分解法合成奈米粒子，必須產生次微米級（Sub-micron）的微細液滴，配合使用高周波數的超音波的利用與靜電噴霧法及減壓噴霧法等方法而產出奈米粒子。

　　奈米金屬與合金材料應用以材料劃分之舉例說明奈米金屬與合金之應用現況：1.奈米金：由於不會散射而可應用於高透明度塗料、塗裝金屬膜、觸媒、生物感測器（Biosensor）與醫療診斷等。2.奈米銀：由於低電阻值可用於導電材料，例如微細配線圖

樣的導電線路,可配合噴墨技術(Ink-jet)進行塗布,另低溫燒結特性可降低燒結溫度,奈米銀也是常用抗菌材料。3.奈米白金:比起以往觸媒轉化器中擔體上的固定量,奈米白金在擔體上之固定量可大幅增加。4.奈米鋁鎂合金:具有高強度、高延展性、高耐熱性、高耐腐蝕性與耐磨損性,故可高速機械材料與模具等。5.奈米鐵鈷系列合金:具有軟磁性、高磁束密度與硬質磁性,目前已可用於電阻、變壓器、感測器與永久磁石之原材料。6. ZrTiNiCu系列合金:具有高強度、高彈性延伸率、高反彈性、高韌性、高衝擊強度與高疲勞強度等,可用於框架材料、動態應用材料、彈簧材料與制振材料等。

以領域劃分之應用如果以應用領域劃分,奈米金屬與合金之應用如下所述:

❶ 資訊與電子應用

各種電子零件的電極、電池電極、顯示器面板的表示電極、ITO膜、顯示器的螢光體材料、導電漿料、導電薄膜、電磁波遮蔽、超微細線路圖樣(Patterning)材料、積層電容器(Condenser)的誘電體、半導體、HD的研磨劑、磁帶(Tape)、光碟的記錄材料。

❷ 結構複合材料應用

汽車的輕量化材料、各種輸送用機械的引擎部分、移動式(Mobile)機器的各種外殼避震裝置、內‧外裝建材、運動器材用品、機器人用輕量材料、導電性複合樹脂、強制提升用添加劑、多孔室陶瓷材料。

❸ 塗料與塗覆(coating)

紫外光阻隔劑、抗菌‧光觸媒塗料、黏土調整劑、粉體塗料流動性改良劑、靜電氣防止‧靜電消去劑。

❹ 觸媒應用

各種觸媒與觸媒擔體之應用。

二 奈米尺度下的黃金新視野

近來市面上部分奈米產品宣稱的功效，有部分已超出學理的範疇，有必要加以匡正，尤其是奈米黃金的產品被大幅渲染。本文將介紹奈米黃金的特性與功能：奈米黃金獨特的性質是具有非常高的抗表面氧化能力（相對於其他奈米尺度下的金屬，在空氣中均不容易被氧化）。對於奈米尺度下的電子元件這是非常重要的性質；奈米尺度下的黃金亦呈現特殊的光學性質，隨著奈米尺度的不同，黃金會由紅色轉變至紫色；此外，黃金奈米顆粒具有獨一無二的觸媒性質，可應用在一些化學反應與商業製程，黃金的表面對硫化物具有強化學反應性（如 thiols），可應用在「bottom-up」assebly 合成上。基於這些獨特的性質，奈米黃金可能應用在創新的電子材料與元件、癌症治療與身體流體監控的生醫科技、污染控制、化學製程與燃料電池的新觸媒等。

❖ 前言

整體性質說：金是惰性的、柔軟的、黃色的金屬。具有面心立方結構，熔點為 1,068℃。然而，這些觀察未必能抓住奈米尺度黃金顆粒的性質。奈米科技將惰性黃金轉變成一個獨特與有效的材料，如同在最近的期刊和專利所反映的現象一樣，現今奈米黃金微粒的研究正以驚人的速度成長，並預告黃金奈米技術的可能性應用。黃金的許多應用是基於它的獨特性質，此獨特性質來自其相對收縮的 6s 軌道所造成，相較於周期表中的位置，黃金具有較小的原子半徑。同時奈米科技使我們對黃金催化作用產生革命化的認知，並清楚的知道它已經存在。在本文中將介紹奈米金機能性材料的特性，以及在觸媒、電子、染料與塗料及生醫上的應用潛力。

奈米黃金在電子產業的應用

金與金合金是電子與半導體工業中的關鍵原料,其應用確保了從行動電話到信用卡片等許多產品的可靠性。黃金為許多電子應用方面所選擇的材料,尤其在電訊資訊技術,以及其他的高品質和高安全性方面的應用;此部分是黃金工業上應用的最大宗,每年約使用 200～300 公噸的黃金。明確的應用實例,包括:接觸器與連結器塗層、高熔點焊料、印刷電路板的可焊表面塗層(PCBs)、金連接線、厚薄層油墨,以及噴濺靶子等。這些應用是因為黃金突出的抗腐蝕能力,及在烙鐵與冷焊下可形成合金的鍵結,製造簡易及具有良好的電與熱的傳導性。近幾年來成功應用在平版顯示器的可撓式電子元件等。

以有機材料為基材所製作之電子元件,其最新的技術趨勢為排除高成本的平版印刷術、真空程序與超潔淨的潔淨室等。另外,可應用噴墨印刷技術來製作低阻抗傳導器,此製程成功的要件是在低溫條件下操作(溫度範圍 150～200℃)。溫度超過將使有機基材變形。黃金的奈米顆粒可在此溫度範圍內進行還原與燒結。此外,以有機硫醇保護的奈米金顆粒,可以溶於有機溶劑中(如甲苯等)。電子工業的趨勢朝向微小化,在此研究奈米電子元件的可行性,例如:金屬奈米導線可能是未來元件間的連接線,控制這個尺寸的製作技術遠非現在平版印刷技術所能負荷,研究以Self-assembly程序來合成黃金奈米顆粒是一可能的選項。例如 Sony International 公司所發展的金屬奈米線,是利用盡管2nm 的 DNA 為模板來合成。目前所合成材料的導電率仍偏低,僅有黃金的千分之一,但未來技術可望提升。

奈米黃金在生醫產業的應用

黃金在生醫上的應用可回溯到數千年前的古文明,在印度、

埃及與中國大陸就已經使用含有黃金的藥物。中國大陸最早應用黃金治療天花、皮膚潰瘍和痲疹，根據傳統中國醫學的「通道黃金能進入手的經脈通（經脈）理論」，在日本有將黃金薄片放在茶、清酒和食品裡，據說有利於身體健康。因黃金材料有極好生物相容性，可直接將黃金應用在醫學器材上。如把黃金合金用於假牙上，以及應用在心臟疾病處理的心血管支架（wiresfor pacemakers and gold plated stents），用黃金支架來幫助支撐虛弱的血管。許多外科醫生喜愛使用黃金支架，因為在 X 光下有最好的能見度，此技術亦可應用在醫學檢查的顯影劑上。

黃金—鈦貼片為日本一個吸引人的醫療產品，是基於人體中離子調整的理論。因為身體中正離子的增加通常會產生勞累和僵硬，造成血液流通不順。黃金—鈦貼片可調整離子的不平衡，透過電激發而引起（由於黃金和鈦的金屬之間的直流電效應）溫暖，以減輕疼痛。

黃金在醫學方面另一個應用是「藥物傳送微晶片」或這些r̃個晶片上的藥學」概念。由黃金薄膜覆蓋的容器，每一個容器充滿藥物或者其他的化學品後密封。然後藥物傳送可經由植入、吞食或者靜脈注射，使microchips和身體系統結合。藥物劑量則由一個小電壓控制，使一定量的藥物由黃金容器中釋放出來，且能夠由醫生或病人透過微處理器，控制每一藥劑的時間，亦可利用遙控或者生物偵測器（biosensors）來控制。此構想是由麻省理工學院提出，目前 MicroCHIPS 公司則是利用這個技術商業化（www.mchips.com）。

黃金和黃金的化合物有各式各樣疾病處理和用於藥物的歷史，如在 1929 年由法蘭西人J.Forestier發現黃金複合體可應用於在關節炎治療。第二次世界大戰以後研究亦證明，黃金藥物對於風溼性關節炎病人是有效的，使用的黃金化合物是近幾年來，有很多研究者對黃金化合物於愛滋病病毒和癌症的治療上有高度興

趣。目前,最廣泛應用治療癌症的藥物是以鉑為基礎,鉑藥物的缺點是有嚴重的副作用。Leung Pak Hing 副教授和他的團隊發現磷化氫(phosphine)支撐的黃金複合體,有極佳的抗腫瘤活性和臨床試驗結果,可能在不久的將來可應用於癌症治療上。其他最吸引人的發展包括把微黃金球作為牛痘疫苗、黃金藥物、DNA片段的傳送介質等。黃金的應用必須具有吸附特性和生物相容性,目前已知道的應用有偵測致命的毒物(例如炭疽病毒)、黃金塗布雷射應用在皮膚回春和治療牛痘試驗,以及把奈米尺度黃金粒子用於生醫診斷。

奈米黃金在塗料與裝飾上的應用

紅寶石色的黃金膠狀體在百年前早已被應用在彩繪玻璃與裝飾餐具上,近來有很多研究集中在貴重金屬奈米微粒應用在新穎裝飾與塗層的可能性。例如日本的 Nippon Paint 公司發展一種濃縮與穩定的 5～15nm 黃金顆粒,其包括二個創新技術:一為黃金奈米微粒的防護技術;另一為使用還原劑還原黃金的條件與技術。根據報告記載,塗料中金屬的含量高於95%時,此一塗料在稀釋或與水溶性、脂溶性溶劑混合時可保持安定。

奈米黃金成為新奇的觸媒

觸媒應用是黃金全新的新興應用領域,其可能應用在化學製程、污染控制,以及燃料電池上。以前大部分的研究者忽略黃金成為觸媒的可能性,要使黃金成為一個有用的觸媒,必須具備合成非常小的金奈米顆粒(小於5nm)與一個適當的氧化物載體。最令人興奮的黃金觸媒具有低的「light off」溫度,MasatakeHaruta是最早發表在非常低溫下,金觸媒就具備觸媒活性的先驅者,以共沈澱法製備的奈,米顆粒金觸媒,具有非常高的一氧化碳氧化活性。特別是有關奈米黃金觸媒獨特的一氧化碳氧化活性,將有

害的一氧化碳轉化成較無害的二氧化碳，此技術可應用在氣體防護面具與室內空氣清淨。

另一個可能的應用市場為燃料電池的膜電極組，將奈米黃金顆粒負載於碳載體上成為陽極電極。燃料電池技術是否被廣泛的採用，其中電極組最為關鍵，提高電極效率與降低成本為重要的研究課題，目前電極觸媒使用的材料大多為白金，然而。白金的價格太高，有效而低價的觸媒非常受歡迎。研究發現黃金可能是具潛力的電極觸媒，而且黃金的成本僅為白金的一半。例如其 AuPt 觸媒中黃金占 70%與負載量在 10～25%時，將呈現極高的觸媒活性，甚至在某些條作下比 Pt（氧化還原反應）與 PtRu 觸媒（甲醇氧化反應）的活性還高。

金觸媒為什麼要奈米？

金具化學惰性，不溶於酸，僅溶於王水和氰鹽溶液。由於黃金具有獨特且相對收縮的 6si 軌道，相較於周期表中的位置，黃金具有比銀更小的原子半徑（1442nm），金亦是陰電性最高之金屬（可和銫形成 $Cs'Au^-$）。其氧化電位高達+1.691V（Au「l/Au; Au」3/Auo為+1.4V），不易有電子轉移，所以較不利於進行氧化還原反應。當金顆粒微小至數奈米時，金的物理和化學性質會隨粒徑奈米化而改變，其粒徑縮小、比表面積大幅增加、粒子邊緣及裸露角增加、與載體之接觸表面積增加，金的表面並形成凹凸不平的原子台階，而呈現獨特催化活性，如果再搭配可還原性金屬氧化物載體，即可成為高活性的奈米金觸媒。奈米金觸媒其所需的反應溫度較低，最佳操作溫度為遠 200～350K，低於鉑觸媒的操作溫度且金觸媒 40 小 800K。不像鉑觸媒，在高溼度的存在下對觸媒活性是有利而非致命的。雖然黃金觸媒未必能取代鉑觸媒的地位，但在某些特殊情況下金觸媒可能是更好的選擇。如利用適當方法合成的金觸媒，具有將一氧化碳氧化的能力，比

常規合成的鈀或鉑觸媒更好，金觸媒應用於燃料電池方面與氣體偵測器已呈現於各國的專利中。

三 結論

近 10 年來，黃金的催化性質呈快速成長，利用奈米科技將惰性黃金轉變成具有獨特與有效的觸媒。目前每年應用黃金的消耗量大約為 300 公噸，奈米科技更使我們對黃金催化作用產生革命化的認知。加上黃金的抗氧化和機械堅固性質，故成為奈米級電子零件不可缺少的元素。黃金材料有極佳的生物相容性，亦可直接應用在醫學器材上，種種原因使我們預期黃金可應用在奈米電子元件、觸媒、顏料與塗料，以及生醫材料等，其用途敘述如下：

1.低阻抗可印刷的黃金奈米顆粒墨水（應用在可撓式電子元件）；
2.黃金奈米導線（應用於未來電子元件間的內部連接）；
3.奈米黃金顆粒膠狀體（應用在醫學快速試劑與檢測化驗）；
4.Gold-silica 奈米殼狀物（應用在癌症細胞破壞標靶）；
5.新穎的裝飾性塗料；
6.熱固性黃金奈米顆粒塗料；
7.黃金奈米顆粒觸媒（應用在污染防制與化學合成）；
8.燃料電池的陽極材料。

上述奈米黃金材料的特性，大部分必須在特定的條件下才會顯現出來，要使黃金成為有用的觸媒，必須具備合成非常小的金奈米顆粒與一個適當的氧化物載體。如奈米黃金顆粒可藉由表面對硫化物具有強化學反應性，進行 DNA 的接技技術，可應用在生醫材料上，但功效並不是奈米黃金顆粒，而是所接枝的生醫材料，其奈米黃金顆粒僅是提供一個安定的載具，所以市面上的奈米黃金水，就學理上必須了解其所接枝的生醫材料的功能與安定

性，若如媒體所呈現其活性成分會增殖，產品的安定性明顯不足，食用安全性就堪慮。所以在看待奈米產品時，應以特定狀態呈現特定功能的心態面對，若強加所有奈米具備的功效，則此產品就可能有誇大的疑慮。

溶液化學製備奈米粉末法與陶瓷纖維

近年來，膠體化學、仿生化學及表面化學於材料製程，可經由溶液化學流程，應用於奈米粉體、觸媒載體、陶瓷纖維、半導體材料及生醫材料等，主要具有微粒化、紬晶化、高表面積、高純度，以及低溫製程等優點，亦可利用分子設計，以應用於特殊的有機、無機混成材料（hybrid）的開發。若再搭配具有多孔性結構物質，預期將可延伸其應用性。本文將探討溶液化學法在奈米粉末與陶瓷纖維之應用，並比較其目前的研發狀況與市場應用。

奈米粉末與陶瓷纖維特性與應用

奈米材料結構大小介於 1～100nm 者，則謂之奈米結構。材料經奈米化後，除外觀上具有奈米尺寸外，其結構和物理特性均會隨尺寸的縮小而改變。就結構而言，可改變或控制其相變化、形態及顯微組織；物性方面，則具有小尺寸效應、表面效應及量子尺寸效應等。

若依其顆粒度（particle size）或品粒度（grainsize）區分，奈米材料大致可分為奈米粒度粉末、奈米晶型之纖維、薄膜及塊材等。其中，奈米粉末開發時間最長、技術最為成熟。奈米粉末除了尺寸小之外，亦兼具高比表面積、高活性、高堆積密度，以及高結構組合彈性等特徵。表一為奈米粉末與陶瓷纖維之應用簡介。

理想的粉末須具有微小的粒度、窄粒度分布、高純度、均質性，以及無凝聚結團（agglomerate）狀態。目前市售的金屬或陶

瓷奈米粉末,其形狀有圓形、橢圓形或不規則形狀等,其應用亦隨展現的機能而異。

❶ 二氧化鈦光觸媒

近年來環保意識逐漸受到重視,研究者開始積極開發可與大自然資源相結合之綠色材料,以降低對環境破壞並提升生活品質,光催化觸媒便是重要的發展方向。光觸媒利用自然界存在的光能,轉換成為化學反應所需的能量,類似於植物的「光合作用」。光觸媒主要有 TiO_2、ZnO、WO_3、$SrTiO_3$、CdS、ZnS、$MoSz$ 等具有半導體性的陶瓷材料,其中以二氧化鈦的光催化活性最高。光觸媒二氧化鈦是微粒狀的物質,粒子的顆粒愈小,其表面積愈大,吸收的光能愈多,效果也愈好,通常二氧化鈦需在「奈米」級,才有足夠的表面積進行光觸媒反應。二氧化鈦粒徑在100nm以上,會呈現遮蔽光線的消豔效果;若粒徑在30～50nm之間,則會吸收紫外光;當粒徑小於20nm時,則呈現光觸媒活性。隨粒徑越小,越能在常溫下展現活性,故開發小粒徑奈米粉粒製程或摻雜有效添加物,將可提高二氧化鈦光觸媒的效能。

❷ 奈米金觸媒

金為高安定性金屬,不具任何觸媒活性,當金顆粒微細至5nm以下,此表面積將大幅增加。致使原子鍵結狀態失去平衡,金會產生其他金屬所沒有之室溫活性。奈米化之金觸媒具反應速率快、選擇率高,以及反應溫度低等特點。目前已有火災時自救用的金觸媒口罩等產品。

❸ 奈米感測器

感測器種類很多,包括溫度、溼度、氣體及生化感測器等,具有敏感度高、形體小、能耗低及多功能等優點。在軍事方面應用甚廣,尤其在探測設備的應用最引人注目。以紅外線感測器運用於軍事為例,由於金屬奈米粒子沈積在基板上,形成的膜即成為性能突出的紅外測器,因為本身金屬奈米粒子膜具有強烈的光

吸收率範圍（從可見光到紅外線），因此大量的紅外線會被金屬膜吸收而轉變成熱，故在膜與冷接點之間會產生溫茂電動勢，可製成輻射熱量測量器，運用於目標物的測定。

④ 陶瓷纖維

陶瓷材料具有多樣化且兼具高硬度、耐火性、耐蝕性、化學安定性。以及優異的電、熱、光、磁特性。若能製成陶瓷纖維的形式，將有助於發揮更多的新功能。目前已開發的陶瓷纖維，包括氧化鋁、碳化矽、氧化鍺、氧化鈹、氧化鎂、氧化鈦、氮化硼、硼化鈦及矽酸鹽等。陶瓷纖維的特點具有可耐 1,000-1,800℃ 的高溫，兼具耐磨、耐蝕及良好的物理與機械特性，特別適用於陶瓷基複合材料。

強度需達到 1.5～6GPa，才適用於強化或補強型應用，以美國 3M 公司生產的 A1203 基纖維為例，抗拉伸強度均超過超高強度與耐高溫特性，摻入高分子或金屬材料中，可明顯提高複合材料的平均強度、韌性及耐用的溫度。國外已發展出一系列的高溫陶瓷纖維，可運用於飛機、太空梭及汽車引擎的隔熱層，不但隔熱效果變好，操作效率也將提高。常見的纖維產品如單晶氧化鋁、高氧化鋁。產品包括陶瓷纖維線、套管、布、帶等，具有不燃性及耐化學性，是優良之絕緣材料，且在高溫下收縮率極低，使用壽命長，廣泛應用於高溫管道保溫隔熱、防火手套與工作服、電焊防火布等。

奈米粉末之液相化學製程

奈米粒子的製備大致可分為物理與化學方法。物理方法是從較大的分子層級細化至奈米大小，其製程前後的化學組成沒有變化，可利用機械動力（如機械攪磨法）將固體微細化。化學法是由原子層級合成至較大的奈米粒子，主要是藉由控制化學反應，以產生奈米粒子，並可藉由添加介面活性劑，控制粒子的成長與

防止凝聚現象的發生。不同的製造方式均有其優劣點,適用的材質及產品粒徑或品質的極限亦有所不同。

溶液化學法之未來發展

近來已有諸多國內外專家學者投入溶液化學法之研究,主要是此法在製程上具有多項優點,尤其在奈米微粉及陶瓷纖維方面極具潛力,可藉由控制反應條件,改善粉體粒徑、型態與均質性,以及改變纖維本身的強度、韌性、孔洞型態。另外,亦可降低製造成本。

由於溶液化學法具有生成微粒化、細晶化、高均質性材料的優點,若能藉由分子設計的方式,以開發有機、無機混成材料,將可結合生化科技,發展出適合人體使用之生醫材料,如心臟導管、微血管、骨科修補材料、酵素和蛋白質固定器等。

奈米科學技術的發展和未來

奈米材料是奈米科技的基礎和先導,已成為世界各國奈米科技發展的熱點。奈米材料是指材料的幾何尺寸達到奈米級尺度,並且具有特殊性能的材料,其主要類型為:奈米顆粒與粉體、奈米碳管和一維奈米材料、奈米薄膜、奈米塊材等。

奈米材料尺寸小,會產生常規材料所不具有的小尺寸效應、表面與界面效應、量子尺寸效應、宏觀量子隧道效應,以及大的比表面等,使奈米材料具有許多不同於傳統材料的獨特性能,從而優化材料的光、熱、電、磁等性能,從根本上改變材料的結構,為克服材料科學研究中未能解決的問題開闢了新途徑。

奈米材料的研究主要包括兩個方面:一是發展新材料,二是系統地研究奈米材料的性能和結構等,通過和常規材料對比,找出奈米材料特殊的規律,建立描述和表徵奈米材料的新概念和新理論。

目前研究的奈米材料主要有以下五類：1.奈米陶瓷材料，以此克服傳統陶瓷材料的脆性，使陶瓷具有金屬的柔韌性和可加工性；2.奈米電子材料，即用於奈米電子學研究的材料。奈米電子學立足於最新的物理理論和最先進的工藝手段，按照全新理念構造電子系統，以開發物質潛在的儲存和處理信息的能力，實現資訊採集和處理能力的革命性突破；3.奈米生物及醫學材料，即用於生物工程的材料；4.奈米光電材料，用於現有的光電轉換；5.化工領域的高效長壽的催化劑以及多用途的具有特異性能的新型粉體材料。

奈米器件

奈米科技的最終目的是以原子、分子為起點，製造具有特殊功能的產品。因此，奈米器件的研製和應用水平是進入奈米時代的重要標誌。

奈米器件的研究動力來自市場需求和科學發展兩方面。奈米器件通常可分為三類：奈米電子器件、光電子器件和分子電子器件。奈米電子器件有單電子器件、隧穿器件、磁通量子器件、自旋器件等；光電子器件有低維半導體激光器、探測器和調製器等；分子電子器件主要有分子開關和分子邏輯器件等。

製造具有特定功能的奈米產品的技術路線可分為「自上而下」和「自下而上」兩種方式。「自上而下」是指通過微加工或固態技術，不斷在尺寸上將人類創造的功能產品微型化；「自下而上」是指以原子、分子為基本單元，根據人們的意願進行設計和組裝，構築成具有特定功能的產品。其中，後一種技術路線可減少對原材料的需求，降低環境污染。

1999 年，美國聯邦政府向國會提出的國家奈米技術計畫中，把奈米器件作為研究重點之一。計畫描述的奈米器件的遠景是：奈米技術將促進信息技術硬件的革命，其意義可能會超過 30 年

前微電子取代真空電子管的革命。微小的晶體管和儲存芯片將成百萬倍地提高計算機的速度和性能，成千倍地提高單位面積的儲存密度，電子儲存器件可達到數千兆的儲存容量，使數據能儲存在針尖上，數萬倍地降低功耗。

四 二氧化鈦市場、國內奈米光觸媒之發展現況與建議

二氧化鈦與應用市場之發展現況

二氧化鈦比起其他粉體材料有更高的折射率，所以是目前世界上最佳的白色顏料，具有無毒、白色不透明性且對人體組織無刺激性，廣泛應用於塗料、合成樹脂、造紙、化學纖維、橡膠和電容器等產業，市場規模已為無機化工產品前三大產品之一，僅次於合成氨和磷酸。本文主要介紹二氧化鈦之種類、應用與市場，在應用方面包括支援傳統產業顏料填料與化妝品等之應用等。至於最新光觸媒之應用領域與市場，則於另文中報告，並對於國內光觸媒產業發展提出策略建議。

二氧化鈦之應用與市場

二氧化鈦具有三種型態，但通常以金紅石型（Rutile）和銳鈦型（Anatase）兩種晶型結構存在，至於屬於斜方晶系的板鈦礦（Brookite）在工業上並無應用。金紅石型的二氧化鈦折射率（RI）為 2.71、熔點為 1,858℃；銳鈦型的二氧化鈦折射率（RI）為 2.52，高溫時會轉型為金紅石型。由於金紅石型的二氧化鈦折射率（RI）為工業用粉體最高者，因此也是遮蔽率最佳的白色顏料。常用粉體材料之折射率比較參見表 7-1。

表 7-1　常用粉體材料之折射率比較

材料	折射率
TiO₂ （註 1）	金紅石型（Rutile）:2.71（熔點 1,858℃） 銳鈦型（Anatase）:2.52（高溫時轉型為金紅石型）
ZnO	2.2
Clay	1.56
SiO₂	1.55
高分子	～1.5

註 1：參考光觸媒應用製品的市場實態及展望，CMC 出版（2002 年 3 月）
參考文獻：Handbook of fillers and reinforcements for plastics（1987）工研院
　　　　　IEK ITIS 計畫整理（2003/05）

　　依據日本二氧化鈦工業會之調查，日本 1999 年內需計 176,988
公噸，出口計 93,006 公噸；2000 年內需計 183,073 公噸，出口計
81,575 公噸，合計總需求量為 264,648 公噸，其應用如表 7-2。

　　銳鈦型是正方系結晶構造，是三種型態中光觸媒作用最強
者。推估 1999 年至 2002 年之日本光觸媒內需量每年分別約 180
公噸、200 公噸、240 公噸、280 公噸，4 年間每年銷售值分別約
5～9 億日元（1999）、6～10 億日元（2000）、7～12 億日元
（2001）、8～14 億日元（2002），估計 1999 年至 2002 年以生
產量估計四年間之年平均成長率為 16%。

表 7-2　二氧化鈦之種類與其主要用途

種類特徵	主要用途
超微粒子二氧化鈦	占顏料用二氧化鈦的 1/10，則有優良透明性與遮蔽紫外線特性，廣用於化妝品、自動車塗料、磁性帶、塑膠與調色料（toner）。
白色導電性二氧化鈦	抗靜電用，用於塑膠壁材、床材、導電性塗料、纖維、靜電複寫紙等白色可著色導電材。
針狀導電性二氧化鈦	以針狀二氧化鈦為基材的導電材料，加入少量即可導電，白色可著色性。抗靜電用、靜電記錄紙等。
高純度二氧化鈦	混合性與反應性優良，誘電體與壓電體等新創應用於電子材料。
觸媒用二氧化鈦	粒徑分布狹窄、高比表面積且可調整、觸媒吸附劑、抗大氣污染效果優良。十餘年前即大量使用於脫硝觸媒擔體。
光觸媒用二氧化鈦	照光後產生活性與強氧化作用使物質揮發，具有抗菌、防污、脫臭、環境淨化等機能性用途。

資料來源：光觸媒應用製品的市場實態及展望，CMC 出版（2002 年 3 月）
　　　　　工研院 IEK ITIS 計畫整理（2003/05）

　　二氧化鈦之種類特徵與主要用途詳參表 7-2，可知二氧化鈦依據形狀、粒徑、導電度、純度等用途各不相同，其中傳統應用已經有約 40 年經驗，而觸媒應用也有十數年經驗，以 2002 年應用實績而論，非奈米級二氧化鈦主要應用依次為塗料、油墨顏料、合成樹脂與造紙四大應用（參表 7-3）。

　　一般二氧化鈦之價格約 370～420 日圓／公斤，電子相關應用產品約 400～440 日圓／公斤，高純度者達 1,000 日圓／公斤以上；但光觸媒的價格依照形式與用途而定，粉體價格為 3,000～5,000 日圓／公斤，溶膠—凝膠（Sol-Gel，固形份 3%～4%）狀者價格 5,000～10,000 日圓／公斤（2000 年），因而推測出 2000 年光觸媒原料產值約 6～10 億日元。所以光觸媒屬

於高價格產品。

表 7-3 日本 2000 年二氧化鈦的應用分布

用途	比率（%）	用途說明
塗料	44	建築、住宅、汽車與運輸車輛、家電製品、螢光燈、瓦斯器具流理台等。
油墨顏料	20	印刷、包裝、紡織品
合成樹脂	11	各種成型品
造紙	10	香菸捲紙、辭典用薄頁紙、包裝用石蠟紙、Add-Coat 紙、複印用紙。
化學纖維	2	尼龍、聚酯（Polyester）、壓克力纖維等消艷劑
電容器	2	家電產品等
橡膠	1	運動鞋、高爾夫球
其他（含光觸媒）	10	生醫材料、奈米口罩等
合計	100	

資料來源：光觸媒應用製品的市場實態及展望，CMC 出版（2002 年 3 月）
工研院 IEK-TIS 計畫整理（2003/05）

　　由日本二氧化鈦內需總量與實際光觸媒產品用量，可計算 1999 年至 2000 年二氧化鈦光觸媒產品約占全部二氧化鈦需求量之 0.10%與 0.11%，表示在整體二氧化鈦產量中，作為高價位光觸媒應用者約占千分之一。雖然光觸媒原材料 2002 年產值約 8～14 億日元，但是衍生下游光觸媒應用產品產值達 250 億日元／年。因此掌握原料其影響應用產品產值達 20～30 倍左右。

　　日本三大主要光觸媒原料製造廠商及其 2001 年市場占有率依次為：石原產業（株）（50%）、Tica（株）（21%）、?化學（株）（Sakai Chemical）（17%），其他公司則共享 12%銷售

量，包括古河機械金屬（株）、多木化學（株）、昭合鈦工業（株）、鈦工業（株）、富士鈦工業（株）等。

◆ 超微細二氧化鈦

奈米級二氧化鈦在日本通常稱為超微細二氧化鈦，是指基本粒子 100nm 以下者，其商品平均粒徑為 10nm～50nm，呈現微粒狀或薄片狀。超微細二氧化鈦比通常的二氧化鈦的化學純度更高、粒徑非常細小、蓬鬆比重小、分散性良好、但是因為粒徑與光波長比小於十分之一，若用於顏料特性上幾乎無法著色，但是其紫外線遮蔽效果性能好，因此適合使用於化妝品。

依據日本富士總研調查，超微細二氧化鈦 2001 年其市場分布如表 7-4，化妝品應用居 52.5%，塗料應用居 7.5%。2001 年超微細二氧化鈦在日本價格約 3,000～3,300 日圓／公斤，且未來化妝品市場用者之價格趨於降低。超微細二氧化鈦之 2001 年日本市場 2,000 公噸，販售金額約 55 億日圓，預估至 2005 年販售量為 2,400 公噸，販售值為 65 億日圓。

表 7-4　日本超微細二氧化鈦市場估計

用途	販售量	比例
化妝品	1,050	52.5
塗料	150	7.5
其他	800	40.0
合計	2,000	100.0

資料來源：富士總研調查報告 2002 微粉體市場
　　　　　工研院 IEK ITIS 計畫整理（2003/06）

✦ 一般二氧化鈦製程材料

顏料級二氧化鈦以金紅石型（Rutile）與銳鈦型（Anatase）或兩者之混合物存在，無論金紅石型或銳鈦型均屬於正方晶系。通常顏料用之二氧化鈦，是用硫酸鈦加水分解之濕式沈降法，以及利用四氯化鈦氧化法製造。但對於超微粒子二氧化鈦之製造，使用純的四氯化鈦為原料？

一般用之二氧化鈦其原材料為金紅石礦（rutile）或鈦鐵礦（ilmenite），後者主要為鐵鈦化合物（iron titanate），是主要含鈦礦物原料來源。

一般用二氧化鈦製程主要有硫酸法製程與氯化法製程兩種：

硫酸法製程係將鈦鐵礦（ilmenite）以熱的濃硫酸將礦物溶解，形成氧化亞鐵（ferrous）與硫酸鈦（titanyl sulfate）混合溶液，經去除雜質與鐵，將溶液加熱水解後二氧化鈦沈澱物，精製後鍛燒形成金紅石型（Rutile）與銳鈦型（Anatase）粒子，製程中進而在 800～1,000℃燒結成為結晶體，形成均勻粒徑分布之銳鈦型（Anatase）粒子，對於顏料應用其最佳粒徑介於 200～250nm。

氯化法製程之原料為加熱金紅石礦（rutile core）或精製過之鈦鐵礦（ilmenites），在碳素與氯氣流中加熱 900℃條件下形成四氯化鈦（titanium tetrachloride）氣體，將四氯化鈦精製後，再加熱蒸發與同時在氧氣流下加熱至 1,000～1,500℃條件下，經過高溫氧化，以及將氣相之四氯化鈦水解後形成二氧化鈦。

五 國內光觸媒學術研究起源

國內最早針對關於光觸媒之基礎學術研究可追溯到 1989 年起，包括下述：

1. 台灣工業技術學院化學工程技術系黃炳照教授於 1989 年起進行以二氧化鈦光電極方法去除廢水中之氰化物之研究，製備光觸媒電極將光能轉換成電能來處理廢水中之氰化物。

2. 台灣工業技術學院化學工程技術系顧洋教授於 1991 年起進行以二氧化鈦光觸媒分解水中氯酚類成分之研究，探討除了氯酚類之去除率外，更著重於最終產物（CO_2）和中間產物之生成速率。其分解速率方程式則希望以類似 Langmuir-Hirshwood 之模式來討論。

3. 成功大學化學工程研究所周澤川教授 1991 年起進行以化學鍍觸媒合成特用化學品之研究，目標利用銀離子修飾的二氧化鈦光觸媒處理偶氮類化合物（最廣泛使用的染料）解決污染問題。由於甲基橙是一典型的偶氮化合物，該研究探討甲基橙對於銀離子修飾的二氧化鈦光催化分解反應特性，以探討利用太陽能於染料廢水處理的可行性。

4. 中央大學化學工程研究所蔣孝澈教授 1997 年起，以 Sol-Gel 技術進行 TiO_2 Anatase 奈米微粒溶膠製備技術研究，探討 TiO_2 奈米微粒合成條件、結構分析、粒徑量測與光觸媒功效探討。

國內光觸媒相關研發現況

❶ 中山科學院的光觸媒科專研究

中山科學院第四所自 1997 年開始運用經濟部技術處科專計畫經費，投入相關溶膠—凝膠技術研究，後來將紫外光之二氧化鈦光觸媒製程塗布技術技轉台灣日光燈公司量產光觸媒燈管等系列應用產品。目前中山科學院第四所仍繼續進行光觸媒奈米材料應用技術開發及可見光之二氧化鈦光觸媒研究。中科院所生產奈米級 TiO_2 鍍膜之原料為進口之鈦醇鹽，然後在其先導工廠（中科院青山科學園區育成中心）內，經過水解、解膠及熱浴等反應與製程，生成銳鈦型 TiO_2（Anatase）奈米微粒溶膠，經溶膠浸

鍍法塗附在玻纖套管上,形成鍍有光觸媒之玻纖套管零組件,可以結合各式燈管使用。此一技術也是通稱的 Sol-Gel 鍍膜技術。中科院運用銳鈦型 TiO_2(Anatase)奈米微粒溶膠鍍膜玻纖套管套於紫外燈管(UV lamp)外,製得光觸媒紫外燈。相關技術已經獲得兩案美國發明專利。而台灣日光燈運用衍生各式光觸媒應用產品獲得 5 項中華民國新型發明專利。目前中科院第四所光觸媒計畫主持人仍為王偉洪先生。

❷ 工業技術研究院的光觸媒科專研究

工研院在經濟部技術處之科專計畫下,依據各所專長展開多面向研究,主要在研究單位包括化工所、材料所與能資與環安中心,各所幾乎都是近兩年左右開始進行光觸媒研究計畫。發展重點也各有差異化。

(1)工研院材料所自 2002 年 3 月開始執行即時性前瞻計畫,經費約 50 萬元新台幣,開始研究新型光觸媒之開發與應用,分項計畫主持人為王志光博士,2003 年執行探索性前瞻計畫,分項經費約 700 萬元新台幣,總計畫主持人為化工所林正良博士。

(2)工研院化工所自 2003 年 1 月開始執行光觸媒相關計畫,經費約 500 萬元,分項計畫主持人為黃淑娟博士,歸屬總計畫主持人為化工所林正良博士。

(3)工研院環安中心則積極建立檢測與塗布技術,已經和日本產業技術總合研究所簽約合作,完成實驗室級被動式光觸媒淨化系統建立與測試,也完成光觸媒塗層材料製備技術與設備建立,該分項計畫主持人為林有銘博士。

(4)工研院能資所自 1999 年起進行光觸媒技術的先導性研究,重點為研究無機光觸媒濾網製作,建立有機氣體和微生物試驗設備,檢驗和改善其效率。光觸媒濾網技術應用方向為現有室內空氣清淨產品,並提供業界相關測試研究服務。

❸工研院與中央大學合作研發奈米光觸媒

2003 年 4 月工研院與中央大學簽定合作協議書並成立聯合研發中心,藉以強化雙方的合作關係;主要可運用中央大學既有的研發基礎,初期目標是加強「環境科技」及「奈米觸媒」的學研合作的廣度及深度。目前,聯合研發中心主任是由中央大學研發長蔣偉寧兼任,工研院方面是由化工所所長鄭武順負責。

❹大學院校中之光觸媒研究

據初步調查,近 3 年內曾從事光觸媒研究之教授約 20 人,涵蓋公私立學校,其每項計畫平均經費約 67 萬元。較長期性研究學者包括:台灣工業技術學院化工系顧洋教授、成功大學化工所周澤川教授、中央大學化學工程系陳郁文教授、台北科技大學化學工程技術系陳文章教授、永達技術學院化工科孫志誠教授等。

❺食品工業發展研究所

食品工業發展研究所長期進行菌種之收集與鑑定,目前能接受各種食品微生物檢查,包括黴菌、大腸桿菌、金黃色葡萄球菌、沙門氏菌、腸炎弧菌、仙人掌桿菌、綠膿桿菌、肉毒桿菌等。因此接受有關光觸媒之抑菌、抗菌效果研究與測試服務,是重要的認證機構。

國內光觸媒產品發展現況

❶台灣二氧化鈦生產

據工研院 IEK-ITIS 計畫調查,台灣有三家生產二氧化鈦公司,總產能為 12.46 萬公噸,其中台灣杜邦公司 8.8 萬公噸、台灣石原產業 2.7 萬公噸與中國金屬化工 0.96 萬公噸。台灣所產者均屬較粗粒度微米級以上粉體,平均出口單價約 76 元／公斤。

❷台灣光觸媒溶膠或奈米級粉體產品

據工研院 IEK-ITIS 計畫初步調查,台灣生產光觸媒溶膠或粉體奈米級產品之單位或廠商並不多,例如中科院之先導工廠

（青山科學園區育成中心內）、豪元公司、南寶樹脂公司、台灣奈米科技公司與南美特公司等。引進溶膠應用之工廠包括鑫永銓公司與唐威電子公司、東昌成公司等，這些廠商著重後段塗布Sol-Gel加工與固定化技術。

代理產品銷售者例如惟信國際、新盈科技、立天時代、濠誠科技及清隆企業等，因為SARS疫情自3月展開以來，許多結合光觸媒產品大量出現，包括光觸媒塗料、噴劑、口罩和織布等產品。據報載原料進口後販售市價估計高達每公噸1,000萬元。由於粒徑越小者價格越高，據了解真正奈米級光觸媒市價最高約8,000元台幣／公斤光觸媒（10nm以下者）。

❸ 台灣光觸媒原料需求

台灣對於光觸媒原料需求，據工研院 IEK-ITIS 計畫估計，2002年需求量約14公噸（粉體加液體），2003年因為SARS疫情爆發短期性成長，預估今年需求量約28公噸（粉體加液體）。預估台灣未來光觸媒原料需求量年平均成長率20%以上。（註：參考工研院IEK洪世淇先生預測值）

（六）結論與建議

二氧化鈦依照粒徑、結構與表面積而有不同規格，其價格更是相差數十倍，其中最高附加價值之光觸媒原料者雖需求量仍小，但未來必將大幅成長。光觸媒是將產品點石成金的化妝師，也是超微細粒子展現高表面積、高活性等功能之典範之一，更重要者是與生活應用息息相關，因此可以創造嶄新市場需求，隨著生活水平之提高，生活機能相關之市場可期。

光觸媒也是現階段奈米科技教育消費者與提升投資者信心的一項關鍵性產品。因此台灣應該結合相關人才，急起直追。緣此，有以下建議：

1. 整合科專加強上游原材料之生產技術引進與研發。

   雖然國內學術界研究光觸媒已經十年餘，但是整合性研發相當少且多屬應用性研究，創新不易，難以突破日本壟斷將近90%之專利，尤其若不能掌握關鍵原材料，仍將難以脫離代工模式。因此國內需加強上游關鍵原料研發或技術引進設廠生產。

2. 輔導下游廠商加強應用產品設計製造推廣。此可藉由技術處業界科專或工業局輔導計畫，鼓勵廠商主導研發。

3. 政府應補助建立奈米光觸媒與關聯產品檢驗實驗室與測試標準訂定。可避免過度炒作奈米科技名詞術語，卻無從判定真偽之消費信心問題。

4. 適時鼓勵公共工程、醫療機構率先使用認證合格之光觸媒產品。

Chapter 7

奈米材料對環境與人類健康可能的負面影響

一 前言

奈米科技已成為全世界科技發展的重點之一，諾貝爾獎得主 Richard Smalley 教授於 1999 年 6 月 22 日美國參議院奈米科技聽證會上強調：奈米科技對未來人類健康及生活福祉之貢獻絕對不亞於本世紀微電子產品、醫學影像、電腦輔助工程、人造高分子材料之總合貢獻。Zyvex 公司 Principal Fellow, Dr. Ralph Merkle 在聽證會上亦作說明：奈米科技將完全取代目前所有生產製程，而開發出更新穎、更精準、更價廉、更具彈性之產品製造技術。

早在 1960 年美國諾貝爾獎得主發現了原子分子可作為材料後，便為這項技術開啟了新的世界。然而，實際應用卻是在 1980 至 1990 年才開始。特別是 1990 年後，半導體集積度愈來愈細，美日半導體業界正競相開發 100nm 的設計技術，可預見數年後將逼近原子尺度的元件。當物質接近奈米尺度時，不僅尺寸大幅微小化，其物理與化學特性也和巨觀特性有很大的差異，許多從前無法解決的難題將消失。奈米技術並不單只應用於半導體，而是廣泛用於觸媒化學、生物科技、醫療、分子工學、粉體材料等，成為所有產業的共同基礎。奈米技術將全面改革生產製程，當非虛言。

80 年代對奈米科技的發展更是一個重要的分水嶺，1982 年 IBM 的 Gerd Bining 和 Heinrich Rochrer 發明了可觀測原子尺度的掃描穿隧顯微鏡（Scanning Tunneling Microscopy），接著各式掃描探針顯微鏡相繼出現，從而幫助人們對奈米材料的特性有更進一步了解。而掃描探針顯微鏡除了用來探討奈米尺度下的材料特性外，更被應用於製造奈米尺寸的元件，如場效電晶體、單電子電晶體、單電子記憶體、高密度資料儲存媒介等。近年來，史丹福大學的 Calvin F. Quate 教授等更致力於多探針技術，目前已可

邁進一步。

　　自 1970 年代科學界進行超微粒（Ultra-fine Particle）研究，逐漸演變至 1980 年代奈米尺度材料研發，衍生新興研究領域——奈米科技。但當進入 1990 年代後至今，產生以介於巨觀與微觀之間的介觀（Mesoscopic）視界，全球視奈米技術為下一波產業技術革命，它是製造科技下一階段的核心領域，也將會重劃未來世界高科技競爭的版圖，更可能替人類生活帶來不可避免之衝擊。

　　由於奈米技術將產生物質世界新的基本觀念與性質，可增強原產業之競爭力，且具跨領域與跨產業的特性，將造成多元化的創新發展模式，產生具體的經濟競爭力。美國、日本及歐盟均已積極展開相關佈局工作，每年各投入 4～5 億美元進行研發，目前美國在奈米結構與自組裝技術、奈米粉體、奈米管、奈米電子元件及奈米生物技術，德國在奈米材料、奈米量測及奈米薄膜技術，日本則在奈米電子元件、無機奈米材料領域已具優勢。這些技術的發展勢必影響我國現在具競爭優勢的半導體、光電及資訊等高科技產業的未來。對台灣而言，奈米科技是競爭力更上層樓的關鍵機會領域，適足以將台灣的國際競爭力提升至真正先進國家之林的最大機會。

二 奈米技術

1. 奈米科技乃根據物質在奈米尺寸下之特殊物理、化學、和物性質或現象，有效地將原子或分子組合成新的奈米結構；並以其為基礎，設計、製作、組裝成新材料、器件、或系統，使它們產生全新的功能，並加以利用的知識和技藝。有別於傳統由大縮小的製程，奈米科技乃由小作大。
2. 奈米技術是打開未來產業技術的門，它是利用原子、分子為基礎形成奈米尺寸構造與產生特殊機能來控制材料、元件、製

程、系統的科學，重點在於透過 Topdown/Bottom up 途徑來了解奈米尺寸空間的材料，系統呈現的現象，並配合微細加工技術、自我組裝技術來應用形成新產業技術。

3. 奈米科技是運用「介觀（mesoscopic）世界」所展現的全新而顯著的物理、化學、生物特性現象，去超越原有「巨觀（macroscopic）世界」材料與系統的侷限，為人類帶來嶄新的機會與發展空間。它的基本內涵是以奈米顆粒、奈米線、奈米管、奈米薄膜為基本單元，在 ·維、二維和三維空間組裝排列成具有獨特介觀性質的奈米結構體系。有效運用這項能力將為產業帶來成本便宜、消耗能低、環境友誼、可量產化的新功能、新產品，提升附加價值以及開創新產業的新機會。

4. 奈米科技原就存在大自然中，蜜蜂體內存在磁性的奈米粒子，具有羅盤的作用，可以為蜜蜂的活動導航；蓮花出淤泥而不染之奧秘，即在於葉上精巧的奈米結構。由大自然中得到啟示：奈米結構並不是單獨存在的，必須與微米、毫米乃至巨觀結構結合，方能展現其獨特的性質。奈米科技是研究尺寸在 1～100nm 之間物質組成體系的運動規律和相互作用，以及可能實際應用的技術問題之科學技術。

　　總而言之，奈米科技是運用奈米尺寸特有的現象，同時聚焦於材料和系統，它的結構和組成展現全新而顯著的物理、化學及生物特性之現象。奈米科技是要在原子、分子、超分子層級探索其特性、控制其元件結構，其關鍵成功要素在於充分掌握材料及元件之製造及應用技術，並且要在微觀和巨觀的層次維持其介面的穩定性和奈米結構的整合性。而奈米材料與奈米結構是奈米科技發展的核心部分。

三 自然界中的奈米科技

奈米科技原就存在大自然中，如前面提到的蜜蜂體內存在磁性的奈米粒子；蓮花葉上精巧的奈米結構。由大自然中得到啟示：奈米結構並不是單獨存在的，必須與微米、毫米乃至巨觀結構結合，方能展現其獨特的性質。

新代科技的許多發展，都可借鏡於早已存在大自然，尤其是生物界類同的例子，例如蝙蝠和海豚的迴音定位功能和機制，大大的幫助了人類的雷達和聲納科技。蜻蜓和蜂鳥的結構與飛行，足進了很多航空科技的發展，更無論大腦的部分功能，螢火蟲高效率的冷光和通訊功能，蛇類的熱感功能以及植物的光合作用等，更是熟知而仍待深入研討學習寶藏，現今成為世界熱潮的奈米科技更是值得和需要從生物界採取智慧和奧秘。

四 近年奈米技術的五大突破

Forbes/Wolfe Nanotech Report 於 2002 年訪問美國國會山莊、學術界與產業界實驗室以及華爾街，與一些產業專家討論 2002 年最重要的科學突破，結果歸納出 2002 年奈米技術最重要的 5 項突破，分別為：

1. 由 Stephen Chou（周郁）在普林斯頓大學實驗室所開發的雷射輔助直接蝕刻技術，此技術係將一印模壓在矽晶片上，利用準分子雷射照射數奈秒。此技術在矽晶片上製造的電晶體密度為傳統製程的 100 倍，且較節省時間及成本（傳統的光蝕刻虛耗時 10 至 20 分鐘）。

2. IBM 公司 Phaedon Avouris 小組所研發的單壁奈米碳管場效電晶體，發展此技術其實並不只是 Phaedon Avouris 的小組成員，

其他研究單位亦有所發展，然 Avouris 則開發出能商業化的製程。

3.位於加州的 Nanosys 公司合夥創辦人 Charles Lieber 研發由奈米級焊接形成的奈米絲超晶格，藉由此技術可控制多重材料的成分及其在奈米結構上的排列，製造出無缺陷的電子接點而應用於電子、光學及生化檢測上。

4.HP 及 IBM 公司所發展的分子電子學，HP 公司日前公布開發出一項價廉、可量產化的製程，該製程可將分子電子元件應用於邏輯、記憶體、通信及訊號路由元件。IBM 公司則是在最近開發出全世界最小的邏輯電路。

5.Suny-Buffalo 公司 Harsh Chopra 用彈道磁阻技術開發的超密硬碟，Chopra 發現當傳導電子的金屬絲只有數奈米寬時，電子不會像在一般導體中散射，而是沿著直線如同彈道般傳送，因此像 CD 大小的磁碟可貯存 1,800GB 相當於 450 張 DVD 的資料。至於 2003 年預期奈米技術在生物技術應用上將有重大的突破。

五 奈米銀抗菌粒子科技介紹

天然抗菌奈米粒子（奈米銀）功效——強效殺菌

奈米銀顆粒與病菌的細胞壁／膜有相當強的結合能力，能直接進入菌體，迅速與氧代謝的硫醇（-SH）結合，阻斷代謝並使其失去活性，進而無法對人體造成危害。

奈米大商機

奈米技術在許多不同產業領域，有人挖掘這巨大金礦所埋藏的商機。例如用於維他命與化妝品添加物「奈米金粒子」，應用

於製造高畫質超薄顯示器的「奈米碳管場發射顯示器」，或用於抗癌藥物的「微脂體」。民國 92 年 9 月 24 日「奈米技術產業化企業」會場熱鬧非凡，場外也是如此，國內不同領域奈米研發廠商到現場展示。將奈米材料運用在化妝品，不是新聞，早在三年前法國化妝品大廠 L'oreal 已運用奈米二氧化鈦，生產抗紫外線化妝品。

奈米銀抗菌原理──超級抗菌劑之再現

奈米銀顯現出超強、天然的抗菌力，並可防止二次感染，它的作用類似觸媒。國外相關的研究文獻指出，它將使細菌、病毒等病菌外層之蛋白酵素產生構形上變異，進而造成細菌新陳代謝降低，並進一步死亡。它會阻礙病毒等有害人體的外來生物生長，但卻不會使人類細胞毒化，如此結果將使病毒等有害生物消失於人體或食物中。時至今日，藥學發達的情況，其實更需要利用奈米科技方式，提高藥效與減少藥的副作用。銀的殺菌性早在 1938 年就已經發現，當時的人將銀幣放入牛奶中，如此可延長牛奶在空氣中存放時間。在這個世紀末，科技家發現人體血液中，其實存在許多奈米級的粒子，例如血液中的營養素，或氧分子等，這觸動科學家使用奈米材料來抗菌的動機。早在 1938 年前，當時有許多治療師就應用「銀」來治療病人，他們稱此種方式為「高科技」，但所費甚高。

美國藥物食品檢驗局（FDA）強調，奈米銀更優於 1938 年前所使用的銀顆粒，在 1991 年 9 月 13 日的發表文件上，他們說：「此種產品可以運用於商品並繼續被量產，這是因為此處所強調的功效與 1938 年時所強調的功效相同，故他們可以被使用於過去所標榜的功效上。」

奈米銀相關學者研究

1970 年代，肢體與脊椎的權威，美國 Robert O. Becker 醫學博士（人體電性作者）發現銀離子能增進骨質成長、並殺死外來有害細菌。1978 年 3 月，《Science Digest》書內有篇文章內容「我們自體內強大的微生物」（Mightiest Germ Fighter）有說明：「這真是令人太吃驚了，銀實在是現在的新藥方，他對目前種類繁多的有害微生物產生作用，並能使其解除武裝，殺死它們，至少 650 種以上病菌。而且銀對人體而言，完全是無毒的。」文章的結尾是 Harry Margraf 博士作總結，她是華盛頓大學，內科學系的醫學博士。她說：「銀是我所見過最好的殺菌藥物」。

奈米銀殺菌機制

目前所謂銀的殺菌機制，重點在於當奈米銀靠近病毒、真菌類、細菌或者嗜菌體時，將使其對氧產生代謝的蛋白酵素產生裂解，失去效能後，他們對氧無法產生正常代謝作用，導致其自然死亡，而軀體則隨人體新陳代謝排出體外。這點和我們所購買殺菌藥物不同，他會將身體內的好菌也一併殺死。奈米銀離開身體後，則細胞仍原封不動的保存著，所以奈米銀對人體、爬蟲類、植物等多細胞生物是安全的。

奈米銀產品品質

目前市面上有許多的產品品質仍不如本公司生產奈米銀，高品質的奈米銀是電化學方式製作，非以化學合成方法，如此奈米銀才會懸浮於溶液內。極細的奈米銀會呈懸浮態於無雜質的溶液內。理想的顏色是金黃色，若顏色較深則代表粒子尺寸較大。若產品包含其他微量元素或必須用搖動的方式，則此屬於劣質品。若產品須存放在低溫下，則代表其內的微量元素在高溫會產生變

異。保存的器皿最好是玻璃，而塑膠製品可能無法使其保存於室溫下太久。有些廠牌聲稱含有高濃度的奈米銀，實際上些種銀是極不穩定的。此處我們需強調，高濃度的銀並一定會百分之百殺死細菌，真正使用的安全範圍大約是 300～5ppm，而人體攝入量的安全範圍則在 3～5ppm。

可攝入奈米銀含量

若是利用口服方式，則奈米銀可直接由口中吸收進入血液，然後快速的轉化為細胞所利用。在吞下前用力的利用舌頭，能使吸收加劇。大約經三至四天，銀就會累積在人體組織內，奈米銀會被人體的腎臟、淋巴系統、小腸在幾週內所分解，並排出體外。若是在工作場所經常暴露於害菌環境中，則建議攝入量可增加，當然，若攝入太大量，不一定會對殺菌有幫助。當然，對於那些抵抗力較弱的慢性病患者，可加強其添加量。

一湯匙 5ppm 的奈米銀，大約等於 25 毫克銀，人體建議含量一天大約是 1～4 匙，且持續一段時間，若要提高含量，則屬於「治療用量」，此時使用的話須在短時間內。例如醫生若建議使用量是 3～5 匙每天，連續 40 天，則過了治療時間後，須減少使用或停止。若是屬於重症患者，我們不建議連續大量使用，因為此時的身體五大排除系統：肝、腎、皮膚、肺和腸，已經負荷過量，此時若要再攝入的話，需再喝大量的水。

其他奈米銀使用方式

有些人將奈米銀應用於噴劑上，例噴鼻劑，它可直達患部，當然，我們建議使用範圍如室內、廚房、皮膚、喉嚨等位置，它不會對有傷口皮膚產生疼痛感，甚至是嬰兒皮膚。這是因為它不像其他的抗菌劑，會使皮膚產生過敏，破壞組織細胞，它也是極佳的腋下防臭劑，因為很多腋下發臭的原因是因細菌分解汗腺上

的蛋白質所產生的。部分醫生甚至建議每天使用 1 大匙，連續 4 天，或 1 小匙連續 6 週，再停 4 週，進行體內環保與消毒。

奈米銀直接應用於刺傷、抓傷、或開放性傷口，其他如濕疹、座瘡、或蟲咬傷等。在飲用水中直接加入 1 大匙的奈米銀，等待至十分鐘後，此時的水完全是無毒性，且可抵抗有毒物質。

奈米銀可應用於寵物上，當然用量需視其體型大小。而使用於園藝上，或溫室內，加入適量的奈米銀於水中或土壤中，可防止植物病蟲害。

奈米銀對病毒的耐受力

我們常發現所謂的「超級病毒」，其實指的是他的超強抗藥性，但它對銀則不會有抗藥性的問題。銀對病毒不會有抗藥的機制，基本上他不是藥，所以不會有抗藥性的問題，此種形式也是抗菌藥物所作不到的，且它也不會產生病化的問題。由於此種特性，使奈米銀產生強效殺菌性，但又不會有致命危險。

奈米銀對其他病毒殺菌力

文獻上指出，奈米銀可殺菌種類達 650 種以上，再強調一次，它不是直接將細菌毒化，而是使其細胞新陳代謝停頓，進而自然死亡。所以人體是多細胞生物，不會有此種危險。目前已經發表的文獻中，有關奈米銀治療的報導，最有名的如下：座瘡、AIDS、抗過敏、盲腸炎、關節炎、抗癌、糖尿病等等。

六 奈米科技對產業的影響

1.半導體：美金 300 億元／年。
2.奈米材料：美金 3,400 億元／年。
3.醫藥品：美金 1,800 億元／年。

4.醫療器材：美金 310 億元／年。

5.化工生產／奈米觸媒：美金 1,000 億元／年。

6.測量／模擬工具：美金 220 億元／年。

7.航太：美金 700 億元／年。

*奈米科技產業市場 10～15 年內達到美金一兆元。

奈米材料對環境與人類健康可能的負面影響

奈米科技可謂目前科技界的顯學，科學家無不絞盡心智進行各式奈米材料的研發與應用，以造福人群。美國德州休士頓Rice大學研究人員卻注意到此種新穎的、微小的材料對環境與人類健康可能帶來的影響，特別是負面影響。

Rice 大學的 Wiesner 以氟氯碳化物（ClFCs）和 DDT 為例，說明這兩種物質剛發明時，被視為科技應用上的奇蹟，科學家無不寄予厚望，然而最終卻成為自然環境的最大殺手。因此 Rice 大學的研究人員開始思索奈米材料是否會出現在人們不需要它的地方，比方說當研究人員做出可溶於水的奈米級物質以運送藥物或其他的生物醫學應用時，這些微顆粒也可能不受拘束的在地下水中活動。因此研究人員希望及早進行奈米材料對環境與健康影響的研究，在奈米材料開始進入量產前，能即時找出對應之策，讓奈米材料的應用更安全。

Rice研究中心正在進行相關的研究，研究人員認為大部分的奈米顆粒或許都相當的惰性，然而不同種類的奈米顆粒其確實的毒性研究並未進行，有些奈米顆粒可能會被證明有毒。為了了解奈米材料在環境中的表現，Rice的研究人員將矽晶體、鐵粒子以及碳奈米管這些奈米材料置於以實驗室模擬的微型自然環境中，監視其活動與反應。

其中一個試驗在檢驗這些奈米材料是否會透過水處理場的過濾材料；其他的試驗則找出奈米材料是否會與其他常見的污染物

例如殺蟲劑或多氯聯苯混合，如果污染物被奈米材料吸附，新形成的顆粒會讓原來的化學污染物活動性變得更強，可能造成更大的危害。有的研究在於了解細菌是否會吞食奈米材料，以至於讓奈米顆粒進入自然界食物鏈甚至侵入食物鏈的上層。

同時為了預知新的奈米材料如何在人體內作用，Rice 的科學家將活的細胞暴露在奈米物質下，以了解奈米材料與蛋白質如何互動，科學家擔心當蛋白質依附在奈米材料的表面時，蛋白質的形狀與功能會改變。

關於碳奈米管應用方面，研究人員還不清楚當人們吸入奈米管，或在進行醫療處理時，身體組織接納了奈米管會造成什麼影響。在法國 Montpellier 大學 Bernier 教授的實驗室，免疫學家 Silvana Fiorito 則已經開始進行不同的奈米管在老鼠細胞上的影響試驗，Fiorito 曾經發現 1 微米直徑的石墨顆粒會刺激細胞產生一氧化氮（nitric oxide），不過 Fiorito 將碳奈米管加予細胞後，並未產生一氧化氮，細胞接納奈米管而未發炎。

研究人員對碳奈米管的另一個隱憂則是奈米管外型類似石綿纖維，所以可能會損害人的肺部。去年在 Warsaw 的一組研究人員進行了試驗，以探討碳奈米管在肺臟組織內是否會像石綿纖維一樣的進行反應，於 April 15, 2001 的 Fullerene Science and Technology 會議上，研究結果指出將天竺鼠分別置於含有碳奈米管及不含碳奈米管的煙塵內，四週之後，在比較組之間的肺功能檢查數據並無重大差異，解剖結果也顯示動物身上的發炎反應並無顯著區別。基於上述初始實驗數據，研究人員聲稱在含有碳奈米管的煙塵環境內工作，不太可能帶來任何身體健康上的危險性。

美國前總統克林頓的科學顧問，目前於 Rice 大學的 Neal Lane 指出，此刻對奈米科技所可能產生壞影響的顧慮大多為臆測的，不過當人們在進行新科學與新科技時，是要謹慎的未雨綢繆，確保壞事不會發生。

對奈米科技既愛又怕的期待

奈米科技宛如新一代的工業革命，於先進國家正如火如荼的展開其研發。美國總統於 2004 年的預算分配了近 8.5 億美元予國家奈米科技啟動計畫（National Nanotechnology Initiative）；今年 5 月美國國會也通過於未來 3 年總計近 24 億美元的奈米科技研究法案。美國國家科學基金會（National Science Foundation）預測到 2015 年奈米科技可能成長到每年 100 萬兆的工業產值。而於國內，政府今年正式推動「奈米國家型科技計畫」，擬於 6 年內投入新台幣 231 億元的經費，並且希望在 2010 年達到新台幣 1 兆元的產值。

在奈米科技的研究正熱烈地展開時，卻有不少人士以不同的觀點開始審慎的反向思考，評估奈米科技可能的負面影響。例如著名的昇陽電腦（Sun Microsystems）公司創辦人之一比爾‧喬伊（Bill Joy），極力反對無約束性的奈米發展，於其刊登於 2000/4 Wired 中的文章「Why the future doesn't need us」，他認為奈米科技具有使人類絕滅的威脅性，擔心人類所製造具備自我複製功能的微型機器人（nanobots）會發狂，造成世界的混亂。最近由 Michael Crichton（侏羅紀公園與急診室的春天作者）所著作的小說「奈米獵殺」（洪蘭教授翻譯，遠流出版），即將未來一些奈米機器描繪成超微小的、無法控制的、足以引爆全面恐慌的恐怖分子。於歐洲以反對人造基因食物出名的 The Action Group on Erosion, Technology and Concentration（ETC），也於今年年初要求幾乎是暫時終止奈米科技的研發，一直到能實施奈米微粒處理的管理標準草案為止。今年 6 月並與行動主義團體如綠色和平組織與英國遺傳學監督機構（GeneWatch U.K.）於歐洲議會發起一項會議，揭櫫其理想。ETC 計畫管理 Jim Thomas 認為由於奈米微粒在毒性上所承擔的風險，因此急需要對其處理方式獲得一

致的實驗室協定。

　　綠色和平組織於 7 月 24 日在 New Scientist 發表了一篇研究報告,討論奈米科技對環境與社會的影響,呼籲業界提供較目前更多的經費用於相關研究,以表示其對環境關懷的承諾。綠色和平組織在思索是否量子點、奈米微粒以及其他丟棄式奈米元件會構成一個新類別的非生物分解式污染物,而科學家對其了解卻不多。報告也檢視了醫學倫理、奈米對立(註:nano-divide,國家之間能否進入奈米科技領域所帶來的對立與差距)、奈米科技的破壞性應用以及公眾對此科技的接受程度。但報告中對於要如何更進一步展開其所關心的議題,則並未提出新的、具體的科學論點;內容反而是根據之前所發表過的新聞報導,以及由類似 ETC 團體所收集的相關科學研究與資訊。總體而言,該報告聲稱奈米科技對於社會關聯性的研究遠落後於科學研究與其商品化成果展示,政府與業界應該付出更多,並置身於由奈米科技所引起的環境、醫學與倫理挑戰之前。

　　美國加州柏克萊大學 A. Paul Alivisators 則稱停止奈米科技的研發極不道德,特別是在醫藥與能源上,因其奈米科技的潛在利益不可忽視。其他的學者也認為研發的暫停不僅不需要也不實際,因為僅會讓研究轉為地下化而已。密西根大學醫學院生物奈米科技中心主任,James R. Baker, Jr.則認為如果研究能公開,而且由主管機構進行審查並相互討論,同時在科學期刊上由其他的研究學者予以複審,即可獲得超出所需的監督,並保證環境或生物議題都妥為處理。

　　美國奈米商業聯盟執行董事 Mark Modzelewski 對綠色和平組織的批評更為尖銳,認為該組織於 7 月 24 日發表的報告為科技業界的恐怖主義活動。他推論這些團體會注意到奈米科技,是因為奈米科技被認為是下一個工業革命,所以他們打算延緩奈米科技的進展、創造恐懼、使大眾不安,造成工業與技術進展的阻

礙,因為綠色和平組織在基因改造食品(genetically-modified food)的反對運動上頗有收獲,所以這是他們再次表現的大好機會。

　　而奈米科技的主流研究人員則爭論,若干對奈米科技未來發展的預測情景是不可能發生的,不過許多科學家同意這個迅速成長的領域其所可能帶來的衝擊與影響,值得進一步的加以檢視。有些科學家則以更審慎的角度來檢視這個新興科技,希望能未雨綢繆對其不可預測的將來加以規範與約束,例如前瞻協會(Foresight Institute)及分子奈米科技製造協會(Institute for Molecular Manufacturing)於2000年所修訂的分子奈米科技研發規範(Foresight Guidelines on Molecular Nanotechnology)草稿3.7版,其目的是要對分子奈米科技提供一個負責任的研發基礎。試舉其開發原則如下:

1.人造複製機器絕不能在自然的、沒有控制的環境中複製。

2.在一個能自複製的製造系統環境條件之內,要阻止其演化。

3.任何被複製的訊息均不能含有錯誤。

4.分子奈米科技元件設計應該明確的限制其擴散,並且對任何複製系統需提供可溯性……等等。

　　奈米微粒對生物組織的影響研究也次第展開中,但是今年年初於美國新奧爾良所舉行的美國化學學會全國會議有關奈米微粒毒理學的研究顯示,奈米科技對生物影響的疑義一點也不明確。依據詹森太空中心Chiu-wing Lam所進行之三種碳奈米管材料對老鼠肺功能的影響試驗,將含有不同數量鐵金屬與鎳金屬的碳奈米管懸浮液或對照粉塵置入老鼠的氣管,在7至90天之內對老鼠肺部進行檢驗,研究人員發現碳奈米管會引起與劑量有關的反應,在碳奈米管材料周遭會發生炎症反應(inflammation)與組織壞死(tissue death),科學家聲稱於其試驗條件,如果碳奈米管侵入肺部會比石英材料(quartz)更具有毒性。相對的,由杜

邦公司 David B. Warheit 所帶領的碳奈米管試驗卻顯示其副作用較低，雖然暴露在碳奈米管下的老鼠，於最初的 24 小時內有 15% 的老鼠會死亡，不過科學家確定其死因為奈米微粒黏著在一起所造成的窒息，其他存活的老鼠確實有肺部發炎的初期表徵，不過與劑量無關。除此之外，發炎反應僅持續了一週，而石英微粒所造成的持續反應長達三個月（喔喔，題外話：7 月份的中國時報曾刊出飛灰廠僱用非成年國中生打工的新聞，飛灰是一種石英與鋁酸鹽的混合物）。兩個研究團隊都認為必須再進行動物對空氣中奈米微粒反應的更進一步研究。

會議中發表的另一場論文，羅徹斯特大學的 Günter Oberdörster 對老鼠吸入聚四氟乙烯（polytetrafluoroethylene, PTFE，鐵弗龍）奈米等級微粒的研究結果顯示，當呼吸的空氣中含有 20 奈米直徑的 PTFE 微粒時，4 小時內將使大部分的老鼠致死。然而，當微粒直徑超過 130 奈米時，毒性副作用顯著的降低。會議中的許多科學家則警告關於奈米微粒毒性所做的一些發現仍僅為初步研究。德州萊斯大學（Rice University）化學教授也是生物與環境奈米科技中心主任 Vicki L. Colvin 認為目前所能獲得之研究進展，僅能歸類為第一章或此主題的序言而已。

事實上，美國國會對此問題也相當重視，今年 4 月眾議院科學委員會舉行了場聽證會，對 2003 年的奈米科技研究與研發法案，以及奈米科技其潛在的社會與道德關聯性進行討論。美國眾議院與參議院正推動相關法案（眾議院 766 號法案與參議院 189 號法案），要求美國政府提供經費以進行民生奈米科技對社會、經濟與環境所造成的衝擊。5 月 7 日眾議院通過了 766 號法案，授權近 24 億美元予美國科學基金會、國防部、商業部、太空總署與環境保護總署，於三年內進行奈米科技的研究發展計畫。參議院商業委員會則於 6 月通過一項法案，每年將授權 5 百萬美元經費給予特別的美國奈米科技準備中心，對與奈米科技有關的道

德議題進行調查，而參議院本身也預期於夏末批准此項立法，兩院並將就差異性進行協調。美國工商業界對奈米科技的發展則是積極性的期待多於戒慎，美國國家製造協會的Russell Shade稱：「連續31個月來，美國失業人數已累積至兩百萬人，所以在技術精密複雜性與產能上，美國必須更努力的居於世界領先地位，這是再也清楚不過的事情了。美國完全不能夠在奈米科技的世界領先賽中失敗，毫無疑問的，這場競賽從實驗室開始」。英特爾公司的Douglas B. Comer說到：「眾議院766號法案是美國繼續其新科技研發領先地位的重要基石之一，如果缺乏持續基本研究所需要的經費，相較於以更高比例GDP致力於基本研究的其他外國競爭者，美國將面臨失去此成長科技龍頭地位的風險」。

七 結論

奈米技術綜合科學與技術，可精準地控制物！結構超微小化達分子尺度，俾直接開發奈米結構使其具所需物理、化學、電磁、光學、機械特性，進而將奈米結構材料整合配製成巨觀組件、系統與生產體系。目前在舉世共同努力下，已將奈米技術開拓成為最具前瞻性及有用性之技術。預期奈米尺度材料與元件之大幅創新發展，將會對每一類產業，尤其是醫藥、電子、運輸、環保、國防等產業，造成巨大的衝擊與發展，因此奈米技術不但會帶動下一次工業革命，更可藉奈米材料與產品之適切應用，大幅增進人類生活福祉。我國為掌握奈米技術發展契機，需凝聚國內外各界研究資源，積極進行跨領域奈米科學與技術研究，俾為我國高科技產業永續發展奠定良好基石。奈米科技的誕生就如同當初發現放射線時一樣，帶給了人們無限的期待。但在放射線的應用歷史當中，不乏因為對放射線真正效應的了解不足而遭到傷害的例子，像居禮夫人得白血病而過世就是一例。前車之鑑，歷

歷在目,在積極發展奈米科技的同時,對於奈米顆粒與人體之間的實際交互作用,不得不慎。

Chapter 8

奈米商機

政治界有句古老的諺語，講的是政府體系具有四大部門：行政、立法、司法和官僚。對於官僚這一部分，海曼‧瑞克佛（Hayman Rickover）曾經這麼評論：「想要犯罪的人，大可去和上帝作對，但千萬不要和官僚作對。因為上帝會原諒你，官僚卻不會。」美國聯邦官僚體系雖然也有每個官僚都有的毛病，但他們厲害的地方不單是能夠進行研究，他們還會把研究工作交給民間以挖掘經濟利益。

一 聯邦研發計畫

美國政府每年所編列的一兆多美元預算當中，事實上只有一小部分被用來資助純粹科學研究。過去 50 年間，美國政府接受了一項觀念並加以體制化，那就是聯邦贊助的研究最好是由聯邦機構負責管理，但由民間人士負責進行。現行的聯邦政府研發管理體系，可以追溯至第二次世界大戰期間以發展原子彈為目標的曼哈頓計畫（Manhattan project）。這項計畫的主要研究機構——阿拉莫實驗室（Los Alamos）和橡樹脊實驗室（Oak Ridge），當初原本都是由美國陸軍監督控管，然而在開始後不久，他們便發現有必要加入民間力量，因為計畫所需要的大多數研究腦力，不可能在軍隊的一元化管理下從事研究。

於是整個核子武器計畫管理工作，漸漸地由軍方手中以簽約方式轉移至民間機構，而形成不少國家實驗室和民間計畫承包商緊密結合的狀況。例如，阿拉莫國家實驗室目前根據合約是由加州大學（University of California）負責運作。而在約 50 哩外的山地亞國家實驗室（Sandia National Laboratory），則是由洛克希德‧馬丁公司（Lockheed Martin Company）管理。這兩座國家實驗室都隸屬美國能源部。相較之下，衛生部則直接控管了同屬國家實驗室體系的國家衛生協會（National Institute of Health）。國

家衛生協會旗下共有 25 個獨立機構和中心，從事各類直接的企業和大學研究計畫。這些聯邦機構的運作邏輯，與其說是為了實用目的，倒不如說是基於歷史背景。不過這種體系設計主要的概念乃是就算研發贊助資金出自同一來源（例如能源部），但某一特別的實驗室計畫和專案控管，可能和另一實驗室有著極大的不同。因此想要從當中發掘投資機會，勢必得先經過一番徹底研究。不論再怎麼說，美國的國家實驗室體系即占去聯邦對奈米科技研究贊助資金的三分之一。

二 國家奈米計畫局

國家奈米計畫局扮演的角色，乃是協調四大政府部門（商務部、國防部、能源部、運輸部）在奈米科技研發上所作的努力，另外還包括國家衛生協會、國家太空總署和國家科學基金會。按照聯邦政府的標準，國家奈米計畫局的預算只有區區 5 億美元。

因此國家奈米計畫局還不能對聯邦機構下政策指示，更遑論分配研發資金給研發機構、大學和民間公司。單是管理工作便耗掉國家奈米計畫局大部分的預算。因此，國家奈米計畫局採用的作法向來是對下屬單位供應資金，再由這些單位按各自負責的研究計畫直接向外提供資金或廣徵研究提案。雖然國家奈米計畫局本身估計，約 70% 的資金最後交給各大學研究計畫，但仍有相當大筆的金額被交到國家實驗室體系的奈米科技研究人員手中。

三 法律

在討論民間投資者如何能夠參與投資聯邦贊助研究計畫前，應該先解釋一下規範聯邦研發成果商業化的法律內容。每年國家實驗室體系用去約 250 億美元的補助資金，當中很大一部分是被

用在替民間和軍方所作的研究。軍事科技通常被列為機密,且只對外國出售。不過並非所有研究最終都被用以發展武器系統。美國國會已經制訂多條法律,確保民間同樣可以享有研究利益。

1974 年,聯邦實驗室聯盟(Federal Laboratory Consortium)成立,目的在協助國家實驗室體系各成員間的科技移轉。當時雖然把研發科技由國家實驗室向民間移轉受到些許法律限制,但相對目前來說還是等同不受規範和缺乏協調。過去很多情況下,研發科技被很單純地「免費贈送」,對其中具有的價值毫不在意。對此美國國會在 1980 年通過了兩項法案——史帝文森‧魏德勒科技創新法案(Stevenson-Wydler Technology Innovation act)和貝亞－杜爾法案。史帝文森‧魏德勒科技創新法案明定要求每個國家實驗室體系的成員,都必須在內部成立研究與科技應用辦公室,負責對其他聯邦機構、各州、地方政府或民間機構的科技移轉事宜。貝亞－杜爾法案則是訂定標準,凡接受聯邦資助的各大學,都應設法把經由資助獲得的研發成果加以商業化。各大學有權享受研究專利,但在可能情況下皆應授權該專利予民間公司。這兩項法案合在一起,使得科技研發人員的辛苦能夠獲得回報,同時也讓負責研發的實驗室得以回收研發經費。

史帝文森‧魏德勒科技創新法案和貝亞－杜爾法案在 1999 年經過修訂後合而為一,成為科技移轉商業化法案(Technology Transfer Commercialization Act),讓先前對聯邦資金所贊助的科技研發相關立法,有了一貫性的聯邦政策。結果是各式各樣的聯邦資金贊助科技移轉辦公室,在國家實驗室體系和接受聯邦贊助機構開始大量出現。這些科技移轉辦公室主要透過技術和專利授權,負責把聯邦研究成果轉移給商業界。這就是投資人的機會所在。

四 投資機會實例

要想了解如何化法律規定為奈米科技投資機會，讓我從聯邦研發體系下的全美 700 個國家實驗室當中舉一個實例——山地亞國家實驗室的智慧型微機械研發專案（Intelligent Micromachine Initiative, IMI）。這個例子可以用來說明聯邦資金流向和科技移轉過程中創造的投資機會。

智慧型微機械研發專案專注研發微型機械設備，當中的零件尺寸小到只有百萬分之一吋，目標放在未來年產值估計可達一千億美元的微型機械工業。計畫總部設在寇特蘭空軍基地（Kirtland Air Force Base）的微電子發展實驗室（Microelectronics Development Laboratory），由山地亞國家實驗室負責管理，並由美國能源部簽約交由洛克希德‧馬丁公司負責。智慧型微機械研發專案占用了面積 3 萬平方呎的第一級無塵製造設施。

智慧型微機械研發專案所研發的微機械設備，基本上和製造微電子設備所用的科技相同。差別在於一般電子設備使用的是相互串連的複雜線路，微機械則是包含各個獨立的機械組件，以達到和大型機器相同的機械功能。以下就是智慧型微機械研發專案已完成的產品：n 微引擎（Microengines）：能作線性和旋轉動作的機械設備。n 微傳動機械（Microtransmissions）：能在不同轉速間切換的傳動設備。n 微型鎖（Microlocks）：功能近似號碼鎖。n 微反射鏡（Micromirrors）：能從特選角度反射光線的設備。n 蒸氣微引擎（Steam microengines）：即微型的蒸氣引擎。n 瓦斯微感測器（Gas microsensors）：能偵測爆炸性氣體的設備。

其他發展出來的應用設備還包括燃料噴射器、繼電器、噴嘴幫浦、壓力計、光感開關、機械開關、生物危險感測器、冷卻系統等等。整個說起來，智慧型微機械研發專案所進行的研發，占

全球的微電子機械系統研發活動總量不到四分之一。不過有鑑於其研發成果的市場潛力超過每年一千億美元，投資人當然應該知道如何在當中找尋投資機會。投資人必須把注意力擺在數個不同的成果移轉計畫上，這些計畫的目的都是為了把聯邦的研發成就商業化。

1989 年，經由美國國家科技移轉法案（National Technology Transfer Act, NTTA）成立了國家科技移轉中心（National Technology Transfer Center, NTTC），目的是為「找出工業需求，並透過引進新產品／服務至市場中所需的科技與商業化服務滿足此等需求，進而強化美國的工業競爭力」。國家科技移轉中心的任務，就是要在各產業、政府機構和大學家間尋求建立策略結盟，並提供：n定位產業需求的商業和產品發展服務、科技發掘與評估、市場分析、業務規劃、專利授權、商業模型規劃與培育協助，n對區域創業發展的支援，n促進和改進聯邦贊助研發工作的資訊產品和服務。這些產品和服務的發展來自對聯邦贊助研究和科技資訊的收集、強化、保存、分析和傳布。n專業人才發展計畫——舉辦高品質的訓練研討會和發送訓練產品，期能改善政府與民間專業人士對科技商業化的能力。

簡言之，國家科技移轉中心的責任，是將透過聯邦贊助發展出的科技，經由授權移轉給民間公司。理想而言，這些授權適用於受專利保護的智慧財產權，但科技本身可能還包括專利範圍以外的知識內容和方法。國家科技移轉中心的責任透過分布全美各地的分處執行。每個從事或監督研究的聯邦機構，都會獲得一筆少量資金，支援各地或各區域的科技移轉辦公室。例如，山地亞國家實驗室所在區域的科技移轉辦公室，名稱為「企業業務發展與合夥中心」（Corporate Business Development and Partnerships Center），負有三項功能：1.與民間產業發展策略夥伴關係。2.與各大學建立關係。3.與其他政府實驗室合作。

　　每個聯邦機構或實驗室都有類似的中心，只是往往名稱不同。設立科技移轉辦公室的主要目的，在於替每種新開發科技找到某種商業化方法。每個辦公室都屬地方性質，由特設的實驗室運作管理人員負責監督。每個辦公室雖然日常運作方式互異，但大目標是相同的。每個實驗室也都有一套人員政策，指示員工可如何和地方科技移轉辦公室進行互動。有時這類政策是由多項有關科技移轉的聯邦法律解釋準則構成，但有時也會包括一些鼓勵員工積極參與科技移轉的實質獎勵。像在山地亞國家實驗室的員工，就可獲得如下的福利：n 企業特准假：員工可以申請無薪假，以便參與某些新公司對實驗室研發出的科技所進行的商業探索。n權利金特撥比例獎勵：實驗室因科技授權取得的權利金，員工可獲當中某一比例的金額。

　　有了這些類型的獎勵，加以基本上每項聯邦研發活動都有科技移轉辦公室支援，因此個人可以在許多聯邦贊助的科技領域找到機會，包括奈米科技在內。不過，區域科技移轉辦公室還有一種極為常見的作法，即和地方性的經濟發展局或民間創投基金保持密切關係，就算不是首選，也會先看看科技移轉局想要移轉的研究成果。這種和民間商業化基金的地方性聯繫關係（法令亦予以鼓勵），一方面可促進聯邦的科技移轉過程，但一方面也形成有意找尋科技投資機會者的障礙。

　　事實是，整套過程都是在地方層級進行，而在共七百個國家實驗室參與科技移轉情況下，投資人無法只靠單一運作方式接觸到所有科技，而必須逐案處理。國家科技移轉中心也隨時保有一張科技和相關組織的名單。當投資人和各地的科技移轉辦公室取得連繫後，只需花上約一個小時，即可得知某辦公室在其所在區域，經常與何人往來互動，以及彼此常態性業務的互動情形。

五 如何找到投資機會

　　儘管科技移轉的作法各式各樣,投資人卻只有一種方法獲得某項特殊科技——透過授權。不過,授權提供的投資機會還分成兩種管道。拿山地亞國家實驗室的智慧型微機械研發專案的歷史為例,就有兩個例子可以說明商業投資機會如何能存在於科技授權的一般作法中。第一個例子是將科技授權予現有公司。在此例中,山地亞國家實驗室曾在 2000 年 12 月,把部分開發出的微電子機械系統科技授權給北卡羅萊納州一家名為 Microcosm Technologies(現改名為 Coventor)的民間公司。雙方協定中代表的研發投資額約六千億美元。但事實上,這項協定讓 Microcosm(及後來的Coventor)得以取得山地亞實驗室研發過程累積的知識,並應用於任何可創造獲利的方法上。若 Coventor 真的因此授權賣出產品,即須支付山地亞實驗室權利金。所以就投資人來說,重點已經從山地亞實驗室的研發成果,轉變成授權後的實際表現。在本書撰寫時,Coventor 還是一家由創投基金資助的公司,資本額略低於三千萬美元。Coventor打算利用授權的技術發展以微電子機械系統為基礎的產品,並對廣泛的客戶群銷售。顯然如果 Coventor 的表現真能符合目前投資人的興趣,不出幾年公司應該便會進行股票初次公開上市,屆時一般投資人即有投資的機會。但直到 Conventor 的財務報告對外公開以前,對山地亞實驗室和 Coventor 來說,這項授權的價值不可能被外人得知。

　　第二個投資機會出現的例子則是直接創設新的私人公司。同樣以山地亞實驗室來說,可以透過新成立公司自研發贊助科技上獲利。在 2000 年 10 月,山地亞實驗室成立了一家MEMX公司,目的是要讓山地亞的智慧型微機械研發專案發展出的光學交換機科技商業化。屬於國家科技移轉中心關係組織的「企業業務發展

與合夥中心」，負責準備必要的風險投資合約，提供這家新公司初期發展需要的資金。當然山地亞實驗室也是透過科技授權移轉技術給 MEMX。於是在授權完成後，民間的創投資金讓 MEMX 開始運作。山地亞實驗室的科技移轉辦公室根據聯邦規範，在擬定事業計畫、法律支援和基礎設施發展上提供了大量協助，同時還有數名原山地亞實驗室的員工離職參與 MEMX 的成立。

　　上面這兩個例子分別代表了聯邦實驗室研發成果如何轉化成私人投資機會的兩種方式。投資人可以從個別例子中找到參與科技開發的切入點。如果是所謂合格的投資人，機會在於找到合適、專門利用國家科技移轉中心手中科技獲利的創投資金。若是不屬於證券法規定合格的投資人，投資機會則是在於密切注意這些新成立未上市公司的發展，參加認購他們初次公開發行或其後在市場自由交易的股票。不管怎麼說，重點都是要特別注意經由國家科技移轉中心授權或移轉給私人公司的科技。投資人要去了解這些科技、授權的內容、還有更重要的是授權公司管理與事業計畫的競爭力。一旦新成立的公司獲得授權，就會和其他新公司一樣具備優勢和潛在問題。

Chapter 9

微結構碳管合成與應用

重點摘要：

一 碳奈米管

技術簡介

　　碳奈米管（carbon nanotubes）是管徑大小在奈米（10^{-9}m）範圍的中空管子，管壁純由碳原子組成，且其結構近似石墨。這樣管狀的碳原子結構擁有許多新的性質，諸如質量輕、高強度、高韌性、可撓曲、高表面積、表面曲度大、高熱導度、導電性特異等等，因此也就衍生了許多新的應用，例如微電子元件、平面顯示器、無線通訊、燃料電池以及鋰離子電池等等。本計畫開發複合金屬奈米觸媒，將碳氫化合物在高溫下進行脫氫碳化反應，以合成多種規格的碳奈米管，同時搭配下游應用業者，如場發射平面顯示器及鋰離子電池廠商同步開發應用技術。

技術重點

・複合金屬奈米觸媒合成技術。
・多種規格碳奈米管合成及純化技術。
・碳奈米管管徑控制技術。
・碳奈米管分散技術。
・碳奈米管應用技術。

應用範圍

・場發射平面顯示器（FED）之高效率電子發射源。
・鋰離子二次電池電極添加物。
・能源或工業氣體之安全與高容量儲存。
・新世代工業觸媒。
・分子導線、分子電晶體及微結構分析探針（scanning probe）等

創新及高性能工業產品。

二 機能性奈米碳材之製備與應用技術

◆ 技術簡介

奈米碳材（nano carbon materials）是由碳原子所組成，藉由觸媒催化而形成各式結構的高聚合碳化合物，其結構為實心或空心，且可利用反應條件操控形成球狀、管狀或纖維狀的結構性碳材。具有相當高之導熱及導電性，亦具質輕、化學安定、可調控 aspect ratio、結構補強等特性。

◆ 技術重點

- 奈米觸媒合成技術。
- 奈米碳材尺寸控制技術。
- 奈米碳材結構控制技術。
- 奈米碳材氣相成長製程技術。
- 奈米碳材分散技術。
- 形成金屬、金屬氧化物與奈米碳材之 Hybrid 覆載技術。
- 奈米碳材應用技術。

◆ 應用範圍

- 鋰離子二次電池電極添加物。
- 電磁遮蔽或靜電消散添加劑。
- 超高電容器電極材料。
- 電磁波吸收材。
- 新世代能源電極觸媒。
- 導熱複材、流體或元件應用。

三 奈米封裝化學品研製與應用

技術簡介

　　為了因應電子產品高功能及輕薄短小的需求趨勢，構裝技術在近幾年內快速發展。由於模阻中所安裝之元件日益複雜，目前一般熱固性接著與構裝材質在完成交聯反應之後不易修復，因此在元件的更換及修復過程中，極可能對基板或其他元件造成破壞。基於生產成本之考量，具有易修復性功能的材質，將成為材料主流。本計畫旨在開發具修復性之熱固性材料，除具有原來熱固性材料之特性（如耐熱性、高強度、接著性等等）外，亦具有易修復之功能。

技術重點

・易修復性分子設計及合成技術開發。
　　含可逆式官能基熱固性樹脂之分子設計與製作。
　　含可裂解官能基熱固性樹脂之分子設計與製作。
・易修復性樹脂功能測試：如 Underfill 應用配方試製。

應用範圍

・高性能電子元件之易修復封裝材料。
・ LCD/LED 易修復導電材料之應用。
・光、電、資訊產業製造生產中易修復性功能之材料。

四 奈米封裝化學品研製與應用

技術簡介

奈米高分子複合材料為一種分散相尺寸達 nanometer size 的無機物補強高分子複合材料，應用本技術達成下列特性需求為最有效率的方式：

- 耐熱性、剛性提升。
- 難燃性、多次回收。
- 阻氣、低吸濕。
- 保有原外觀特性。
- 容易機能化改質。

技術重點

- 奈米高分子複合材料的技術：
  無機層狀材料黏土處理技術。
  黏土／Polymer matrix 的界面鍵結技術。
  黏土分散技術。
  黏土／Polymer 的結構型態控制。
- 黏土純化與改質技術：
  黏土純化技術－離子交換、酸鹼處理、透析清洗、共沈降、噴霧乾燥。
  官能化改質－ $COOH$、OH、SO_3、$C=C$。
  機能化改質－抗菌、遠紅外線輻射、抗 UV、難燃。

五 顯像材料微粒化與應用技術

技術簡介

　　國內顏料分散技術，長久以來均僅至微米左右等級，次微米（～100nm）均需仰賴進口，國內技術尚在起步中，而奈米（<30nm）大小，則為美國領先開發之技術。本所藉此技術之開發，成功地建立顏料奈米化分散技術，除分散技術（設備的選用與耗材搭配）外，關鍵的分散劑選用與設計、粉體的選擇與分析均建立完整之技術。所產出之奈米顏料為 Y（黃）、M（洋紅）、C（青）三色，產品型態為含有平均粒徑<30nm 之 10%顏料分散液，具有冷熱回溫安定性，可運用於相片級之彩色噴墨印表機中、及多種顯色產品上，除可提升顯色之色彩品質，其耐水與耐光性均有不錯的表現。目前分散技術，已趕上先進之美國，而噴墨墨水之應用則與歐、美、日同步。

應用領域

　　顯像或顯色產業，如噴墨印表機、液晶彩色顯示器之光阻色料、纖維噴印用墨水；塗料、油墨印刷；書寫用筆，如簽字筆、中性筆、白板筆、麥克筆；繪畫用色料，如水彩、彩色筆等。

效益

　　提升國內之顏料分散技術至奈米級（<30nm）、建立自有分散相關周邊技術（分散劑選用、粉體選用與分析、設備選用與耗材搭配等）。技術建立、移轉廠商後，預期在顯像材料與塗料油墨相關產業之影響產值超過 100 億元。

六 光機能性化學品研製與應用技術

技術簡介

　　在多媒體之潮流，與對大容量儲存媒體之需求下，光儲存產業之 DVD-R 儲存產品，以及光顯像產業之液晶與 EL 顯示器，成為熱門之光電產品，本室著重在開發相關之光機能性化學品，包括：4.7GB 以上 DVD-R 光碟用記錄層關鍵原材料之有機染料，具有良好的熱安定性、溶解度、光與熱能轉換效率，及碟片性質：以及液晶與 EL 顯示器用具異向性液晶材料、旋光體，與電激發光特化品結構設計、合成與配方技術。

技術重點

· 光儲存媒體染料之合成與純化技術。
· 光機能性化學品分子電腦模擬技術。
· 染料與液晶分子設計技術。
· 顯示器用特化品合成與純化技術。
· 光電特化品光電性質分析與量測技術。
· 液晶配方調控技術。

應用範圍

· 資訊記錄媒體／ DVD-R/HD、DVD-R。
· 資訊顯示器／ LCD/EL。
· 半導體雷射／雷射印表機。
· 生化醫療科技／ Biosensor/Diagnostics/Photodynamic therapy。

七 奈米級樹枝狀有機分子（Dendrimer）合成與光電能量轉化之應用

技術簡介

應用 Light Harvesting 分子內能量傳遞及反應之概念設計，合成樹枝狀有機分子（dendrimer）。將 electron transporter，hole transporter，emitting group 聯接在同一 dendrimer 分子上。並將其中之 emitting group 孤立在 core 的位址，以得能量之最佳化，且評估其應用於有機 LED 之可行性。選擇 poly（aryl ether）dendrimer 之主因，在於其分子之穩定性。

技術重點

首在建立 poly（aryl ether）dendrimer 基本架構之合成反應技術，並分別設計、合成，及連結 electron transporter，hole transporter，emitting core 等各種不同官能基於此同一 dendrimer 分子內。

應用範圍

目前有機電激發光顯示技術，高分子材料相對上比小分子材料具有較易加工、低製造成本及可應用於製造可撓式平面顯示器等優點，所以受到許多歐美廠商的注意。樹枝狀分子也是高分子（Polymer）的一種。但樹枝狀分子具有比一般等同分子量 polymer 較佳的溶解度及較低的黏度，可解決一般 Polymer 對有機溶劑溶解度不佳的問題。

八 奈米層狀高介電材之開發與應用

技術簡介

與傳統的獨立式電容比較，內藏式電容技術可增進電子構裝主動元件的效率，提升電氣性質，以及降低組裝的成本。本研究開發內藏式電容介電材料，可將電容元件整合於印刷電路板中，藉以大幅提升電路板功能。本研究以環氧樹脂／導電性微粉／陶瓷奈米複合材料為內藏式電容介電材料，可以大幅提升複材的介電性質（>100）。

技術重點

- 陶瓷粉末介電性質量測與快速篩選技術。
- 陶瓷粉末表面改質技術。
- 高介電環氧樹脂／陶瓷複合材之合成技術。
- 高介電環氧樹脂／導電性粉體／陶瓷複合材之合成技術。
- 高介電高分子複合材介電性質評估方法。

應用範圍

- 資訊電子產業。
- 多層印刷電路板。
- 內藏式高分子厚膜電容元件。

九 奈米高分子構裝材料開發與應用

技術簡介

無線通訊模組如何微小化有幾項aprroach，包括單晶片的開發，即如何將目前二晶片：RF 晶片與 Baseband 晶片整合成單一晶片，甚至嘗試將如 flash 等元件整合至 IC 晶片內，最後則將 IC 晶片整合不進去的被動元件整合至 LTCC 模組中，埋入電路基板之中。由於電路中不可或缺的被動元件會隨著 IC 功能的增強，大幅增加其需求量。利用 MLCC 或 LTCC 等陶瓷構裝被動元件技術，可解決目前之問題，但是由於陶瓷晶片不斷的縮小，構裝成本已經遠遠超過材料的成本（10:1 以上），因此在未來通訊模組中的應用將有其極限。因此如何以高分子厚膜技術置備電阻、電容、電感等被動三元件，並將其嵌入模組或基板中，這牽涉材料、印刷製程、新興電路設計概念等關鍵技術的突破。

技術重點

- 被動元件高分子材料設計。
- 高分子材料糊混煉技術。
- 微影印刷製程技術。
- 嵌入式積層模組關鍵技術。
- 碳奈米管應用技術。

應用範圍

- 高分子厚膜被動元件以及嵌入式積層模組整合技術。
- 高分子厚膜通訊元件與模組的置備。
- RF 高頻主動元件之封裝材料開發。

✚ 高表面積電極材料開發

✦ 技術簡介

在攜帶式電子產品（筆記型電腦、相機手機、個人數位助理機）輕薄短小及多功能的發展趨勢下，工程師必須不斷努力尋找能增加電池供電時間及工作壽命的方法，在多數使用情況下，這類產品往往在驅動周邊裝置或是進行無線通訊及上網時，都需要供應大量脈衝電流，在此情況下，電池的供電持續時間僅能維持數小時。由於絕大多數的電池在高功率放電下，其供電時間及工作壽命會大幅降低，因此具備高功率放電能力的超高電容器受到重視。超高電容器與電池的搭配可望成為新的電能供應模組，藉此提升電池系統的使用效能及壽命。超高電容器所能提供之功率多寡主要取決於電極材料種類、材料比表面積及孔洞尺寸。本技術以奈米成型方式，開發出高比表面積（>1000m²/g）且具有奈米構造的介孔級（2～3nm）碳材（mesoporous carbon）、奈米氧化釕（nano ruthenium oxide），以及綜合兩者特長之複合材料，其製程簡單、電容性質佳。

✦ 技術重點

- 奈米二氧化矽介孔模版（Mesoporous Template）合成技術。
- 具奈米構造高純度碳材合成及純化技術。
- 高比電容氧化釕合成技術。
- 超高電容器用複合電極材料合成技術。
- 材料電容性質分析與量測技術。

應用範圍

- 超高電容器。
- 高頻基板用低介電填充料。

奈米纖維紡絲技術開發

技術簡介

奈米纖維是一具有奈米尺度之纖維，其細度在 1000～10nm 之間，奈米纖維具有高孔隙率、高表面積之特性，在空氣過濾材、液體過濾材、生物細胞培養以及醫學組織工程再生支架上都有其應用，本所開發之奈米纖維紡絲技術，可依需求調控纖維細度，所形成纖維細度均勻性高，且具可快速生產之潛力。

技術重點

- 奈米纖維紡絲機台設計開發。
- 奈米纖維紡絲製程調控技術。
- 奈米纖維原料調控技術。
- 連續奈米纖維棉網成型技術。

應用範圍

- 高效率空氣過濾材。
- 奈米粉塵防護過濾材。
- 醫療用組織工程再生模版與再生支架。
- 高能量電池電極材料。
- 聚酯矽氟表面處理加工技術開發。

十一 離子高分子合成及纖維技術開發

技術簡介

　　於 3C 應用產品上，鋰二次電池為不可或缺之可攜式能源，品質要求上，須要高性能且兼具高安全性，本計畫著重在開發相關之隔離膜元件，重點包括：新型離子高分子之合成、紡絲及纖維膜研製及電池電性能之評析，由於新材料具有優異之高導電度（>3mS/cm）及高電化學安全性（可耐 4.3V 電位），因此於鋰二次電池應用上可大幅加強安全性且仍保有良好之充放電性能。

技術重點

・新型離子高分子分子設計及合成。
・紡絲技術建立。
・纖維隔離膜研製。
・樣品鋰電池電性能評析。

應用範圍

・鋰離子二次電池用隔離膜。
・鋰高分子固態電解質。

十二 防水透濕薄膜材料與應用

技術簡介

　　創造具有保暖排汗、透濕防水等功能性、高科技智慧型紡織品一直是紡織業者戮力追求的目標，具有透氣、防水功能的樹脂

薄膜之合成與加工是這些產品的關鍵材料與技術之一,此一薄膜將直接影響到織物產品的防水透濕性能。目前國內廠商仍無製造高透濕、高耐水壓 TPU 樹脂的能力,只有進口商品進行薄膜加工應用,因此急需研發自主之高透濕性 TPU 生產技術,以降低成本、取代進口。

技術重點

本研究之重點在開發無溶劑型、吹膜級的透濕防水 TPU 樹脂的合成與薄膜製程技術,TPU 薄膜需具有大於 $6,000 \, g/m^2/D$ 的透濕度(ASTM E96 BW)及大於 $10,000 \, mmH_2O$ 的耐水壓值。技術研發的關鍵包括親水性結構設計、透濕性 TPU 合成結構設計與調控、無 gel particle、無針孔等樹脂合成、吹膜製程技術,及應用方向為主的產品化技術。

應用範圍

- 鞋業:運動鞋、登山鞋、雪鞋、野戰鞋之面料及內裡材料。
- 紡織業:雪衣、雨衣、風衣、防寒夾克等織物貼合材料。
- 醫療用品:繃帶、血漿袋、外科用包紮布條、被覆膜等材料。
- 家具業:沙發、床單、桌巾、傢俱用布等布料用品。
- 國防用品:野戰帳蓬、備戰水袋、救生衣、充氣艇等面料及內裡材料。

齒 奈米功能性粉體製程技術

技術簡介

奈米粉體技術是奈米材料工程科學的基礎。它在微小粒子下,以異常之光、電、磁、熱、力學、化學效應提升塑橡膠、纖

維紡織、電器材料、通訊、塗料、陶瓷、玻璃、照明、紙業、食品、建材、環保、印刷現有工業產品之功能與附加價值。奈米粉體製程技術關鍵在於控制奈米粒徑與結構排列、製程中保持分散與應用中達到分散等技術。本所已建立常用的反應沈澱法、微乳液法、溶膠凝膠法、超重力合成法等各類奈米粉體製造平台技術與試製重點奈米粉體，這些粉體粒徑約 5～200nm。

▶ 技術重點

· 反應沈澱法、微乳液法、溶膠凝膠法、超重力合成法等反應合成技術。
· 化學排列結構與晶系外貌的調控技術。
· 粉體界面改質以達到奈米分散的技術。
· 奈米粉體去除雜質、濾取與乾燥技術。

▶ 應用範圍

· 無機金屬化合物：$CaCO_3$、$BaCO_3$、$Al(OH)_3$、$Mg(OH)_2$、ZnO、TiO_2、$Ce(OH)_2$、Fe_2O_3、Fe_3O_4、CuO、$BaTiO_3$、MoS、CdS 等奈米粉體合成。
· 有機酸金屬鹽：Ca、Mg、Sr、Ba、Zr、Cr、Mo、Mn、Fe、Co、Ni、Cu、Zn、Al 等之硬脂酸鹽、松香酸鹽、草酸鹽等奈米粉體合成。

Chapter 10

奈米科技的新顯學

一 奈米科技定義

奈米科技乃根據物質在奈米尺寸下之特殊物理、化學和物性質或現象，有效地將原子或分子組合成新的奈米結構；並以其為基礎，設計、製作、組裝成新材料、器件或系統，產生全新的功能，並加以利用的知識和技藝。有別於傳統由大縮小的製程，奈米科技乃由小作大。

奈米科技（nanotechnology）包含量測、模擬、操控、精密安放和創製小於 100 奈米級的物質。操縱數個至數十個，最多1~200 個原子之科學。奈米技術之各項研究領域，並不侷限在某一單一研究領域上，只要研究標的為奈米級之事務，均屬於奈米技術之範疇。

奈米科技簡單地說是經由奈米尺度下對物質的控制，以創造及利用材料、結構、裝置或系統。奈米結構是藉由原子、分子、超分子等級的操控能力以產生具有新分子組織的較大結構，這些結構具有新穎的物理、化學和生物的特性與現象。奈米科技的目標是去探討這些特性與現象，且有效地製造並利用這些結構。

奈米科技實際上並無統一的定義，一般說法係指物質在奈米尺寸下呈現出有別於巨觀尺度下的物理、化學或生物特性與現象。所謂奈米科技便是運用這方面的知識，在奈米尺寸等級的微小世界中操作、控制原子或分子組合成新的奈米尺度結構（奈米材料），以便展現新的機能與特性。以此為基礎，設計、製作、組裝成新的材料、器具或系統，使之產生全新功能，並加以利用的技術總稱。奈米科技的最終目標是依照需求，透過控制原子、分子在奈米尺度上表現出來的嶄新特性，加以組合並製造出具有特定功能的產品。

微米（μm）與奈米（nanometer,nm）都是度量衡單位，1μm

$=10^{-6}$ m，1nm=10^{-9} m。而材料尺度由微米到奈米所代表的意義並不只是尺寸的縮小，同時，新而獨特的物質特性亦隨之出現。在奈米的領域下（1～100nm），許多物質的現象都將改變，例如質量變輕、表面積增高、表面曲度變大、熱導度或導電性也明顯變高等，因此也就衍生了許多新的應用。奈米科技便是用各種方式將材料、成分、介面結構等控制在 1～100nm 的大小，並改變其操控，觀測隨之而來的物理、化學與生物性質等的變化，以應用於產業。

奈米效應與現象長久以來即存在於自然界中，並非全然是科技產物，例如：蜜蜂體內因存在磁性的「奈米」粒子而具有羅盤的作用，可以為蜜蜂的活動導航；蓮花之出淤泥而不染亦為一例，水滴滴在蓮花葉片上，形成晶瑩剔透的圓形水珠，而不會攤平在葉片上的現象，即是蓮花葉片表面的「奈米」結構所造成。因表面不沾水滴，污垢自然隨著水滴從表面滑落，此奈米結構所造成的蓮花效應（Lotus Effect），已被開發並商品化為環保塗料。

何謂奈米材料？所謂奈米材料泛指粒子尺寸大小在 1～100nm（nanometer=10^{-9} m）範圍內的材料，概稱為奈米材料。在製備奈米材料方面主要分為 2 種方式，物理方式通常利用微影蝕刻（lithography）、乾濕式蝕刻（etching）等蝕刻方法，即所謂的由上而下（top down）的方法來製備奈米粒子，科學家認為光刻法極限將在 0.07 微米左右，用離子（ion beam）或電子束（electron beam）可以改進蝕刻技術極限縮小至 0.01 微米，要製備比 0.01 微米更小的材料尺寸，就必須改變蝕刻技術方法。化學方式通常所用的方法是利用由下而上（bottom up）的方法，也就是以原子或分子為基本單位，利用溶液微胞侷限、電解、生物模板、溶膠—凝膠、化學氣相沈積（chemical vapor deposition）等方法，漸漸往上成長成奈米粒子。

不管是物理性質或是化學性質，奈米材料性質均與塊材（bulk

materials）有著相當大的差異性，以下我們將分項略加說明。

在催化性質方面

由於奈米粒子體積非常小，材料表面原子與整體材料原子的個數比例值就變得非常顯著，而固體表面原子的熱穩定性與化學穩定性都要比內部原子要差的多，所以表面原子的多寡代表了催化的活性，即大表面積是一個好觸媒材料的基本要素，如 Fe/ZrO_2 奈米觸媒可提升 CO ｜ H_2 反應成烴類的催化能力。

在光學性質上

當材料尺寸小至某一程度，也就是粒子小於塊材的激子半徑（exciton length），此時奈米材料會有量子限量化的效應（quantum confinement effect），量子點（quantum dots）會像原子與分子一樣具有不連續的能階，且變化粒子大小時，能隙（energy gap）也會因粒子大小不同而不同。經科學家理論計算，量子點（quantum dots）、量子線（quantum wires）、量子井（quantum well）、塊材（bulk materials），它們在能階密度（density of state）上均不相同，如圖 13-2 所示，這代表了它們可能在光學性質上亦有不尋常的差異，另外由於奈米粒徑小於一般紫外光、可見光或紅外光波長，所以造成粒子對光的反射及散射能力大減，因此如 Al_2O_3、$\gamma\text{-}Fe_2O_3$、TiO_2 等奈米材料均可作透明及隱身的材料。

在磁性方面

奈米鐵、鈷、鎳合金具有強的磁性，其磁紀錄密度可達 4×106 至 $40\times106 Oe/mm^3$，且其雜訊比極高。此外 Fe_3O_4 奈米粒子粒子間磁性的互相干擾極弱，利用適當的表面活性劑，將其分散於液體時可成為強磁性的磁流體，其應用於鐵性雜質的連續分離。

在複合材料方面

奈米材料的加入，可以提升材料的剛性、抗拉、抗折、耐熱、自身防燃性等性質，如我們加入少許黏土於尼龍與聚亞醯胺，可以使吸濕性改善，可降低一半水氣的穿透性。

在感測方面

奈米粒子所製成的感測器，由於表面活體性增加造成訊號敏感性變強，另一方面，粒徑小導致孔隙度縮小，導致訊號傳遞迅速不受干擾，大大增強訊雜比。

在電子傳遞方面

例如半導體量子線（quantum wires）會有電導量子化現象，使得原本傳統導線歐姆電阻觀念已不再適用，奈米級的絕緣層性質也會因電子穿隧現象（tunneling effect）而失去絕緣功用，超微小結構的電容量非常小，一個電子進去就會改變它的電位等，最後如磁、機械性、熔點等其他物理化學性質，奈米材料均亦與塊材有著全然不同的性質。

綜觀言之，奈米材料有著與眾不同的物理化學性質是令人高興的，但以另一角度來思考，我們除了要找出更好的材料、更簡便生產材料的方法之外，同時我們還要了解材料新的性質，因為當材料進到奈米級尺寸時，原本運用在元件上的物理性質即為失效，如絕緣層會有電子穿隧現象破壞電晶體閘極（gate）絕緣的功用，奈米材料會因表面原子比例增加，奈米材料活性增大使得熱與化學性質變差等，這都是未來應用奈米技術所必須克服的問題。或許這可能是一項革命性工業的剛開始的一項工作！

二 奈米科技的應用

由於奈米材料許多性質與塊材不同，所以在開發奈米材料領域上，往往有著令人驚奇的發現，如碳奈米管有優越的場發射（field emission）性質，可作場發射顯示器電子供應源；奈米複合材料補強高分子，使材料達到較佳的狀態；奈米半導體光學性質如硒化鎘半導體粒子隨粒徑大小、形狀變化而有所不同，利用此性質可調變所希望的光源波長等。以下我們就簡介幾種奈米材料在光電、醫學、工業、學術上的研究、奈米元件（nano-devices）的發展，及掃描探針顯微術（scanning probe microscope）的一些可能應用方向。

碳奈米管

在微觀尺度上石墨是碳原子以 sp2 鍵結而成的片狀或稱為層狀結構，是一般筆芯或電極的材料，它平凡無奇，且價值低廉。可是若我們把石墨平面捲曲成所謂的奈米碳管如圖 13-3 所示（carbon nanotubes）的話，其價值便不可同日而語，原本以公斤計價的石墨，變成 1 公克要價 1,000 美金碳奈米管。第一次碳奈米管的發現是在 1991 年，由日本 NEC 公司飯島澄男（S. Iijima），在穿隧電子顯微鏡（transmission electron spectroscope, TEM）下，觀察碳的團簇（cluster）時意外發現有碳奈米管的存在，此後，關於碳奈米管的研究便被大量發表在各種科學期刊上，其特殊性質也逐一的發現，如導熱性 23.2 W（cm K）-1 與鑽石相當，可以應用在緊密的電路空間裡將高熱量散布出來；楊氏係數（Young's Module）約 1 terapascals，是碳纖維的 8 倍、鋼的 5 倍，1996 年諾貝爾化學獎得主 R. E. Smalley 教授就曾表示，如果將奈米碳管和銅纜做成支架，強度可以支撐一個從地表拔地

而起至位於 22,000 英哩高空上的太空平台；導電性則隨不同的捲曲方式而變，有如導電度 $10^{-3} \sim 10^{-4} \Omega$-cm 類似鍺半導體，也有 $5.1 \times 10^{-6} \Omega$-cm 與銅金屬相當，所以若碳奈米管品質控制得當，我們可以將其做成奈米導線或是奈米半導體；單層碳奈米管（single-wall carbon nanotubes）在室溫時可以吸附大量的氫氣，可以應用在航太與汽車工業上當燃料電池的氫氣儲存槽（hydrogen storage medium for fuel cell）；也由於碳奈米管具彈性且細長的優點，可以作為微碳針或微電極，改良原子力顯微鏡（atomic force microscope, AFM）或掃描穿隧電子顯微鏡（scanning tunneling microscope, STM）所用的碳針易損壞導致達不到原子解析度的困難。碳奈米管另一項性質，就是碳奈米管具有低的導通電場、高發射電流密度以及高穩定性，結合場發射顯示器（field emission display, FED）技術，便可實現傳統陰極射線管（cathode ray tube, CRT）扁平化的可能性，不但保留了 CRT 影像品質，並具有體積薄小及省電優點。韓國的三星（Samsung）公司研究人員以碳奈米管為元件，已經成功的研究出 4.5 英吋全彩影像平面顯示器，而且準備推出解析度為 576×242 像素的 9 英吋全彩平面顯示器，為三星公司所推出的三元色面板。在經濟部科專計畫下，工研院電子所已研發出首座「4 吋車用碳奈米管場發射電子顯示器」，且根據工研院經資中心資料顯示，2000 年全球平面顯示器市場占有率已達 47.5%，預計 2003 年將高達 59.6%，超過傳統 CRT 市場是可以預期的。以碳奈米管為電子供應源的 CNT-FED 技術極有可能在未來平面顯示器市場上占有一席之地。

奈米高分子複合材料

奈米高分子複合材料為一種分散尺寸小於 1 奈米的無機物補強高分子性質的複合材料，由於大的無機物分散相表面積和高分子間有強烈的吸引力，使得此種高分子複合材料比原始高分子

在剛性性質上大幅提升，氣體阻氣性、熱膨脹係數下降，且較耐溶劑腐蝕等優越特性。由於它有上述的優異性，所以可以被廣泛的應用在一般民生工業上，如資電器材、汽車零組件、耐油性材料與耐磨耗材料；在纖維工業上，如工業刷毛、濾布、繩索，具有提升剛性、強度、耐溫熱特性；在包裝材料上應用，如保鮮膜、生鮮食品包裝，充分利用奈米材料耐熱性、阻氧性、透明特性等；在塗布工業，材料耐黃變、高附著性、防蝕、電著塗料均是未來奈米阻絕性之最佳應用；在電子封裝產業中，將積體電路 IC 晶片加以密封保護，並將完成封裝元件是一個重要的課題，而破壞封裝主因常是脫層或爆米花現象（popcorn effect），那都是構裝材料樹脂在吸水後水氣膨脹與樹脂熱膨脹係數和矽晶片、金屬熱膨脹係數差異過大所致，因此提升高分子耐吸濕性、耐熱性、降低高分子與矽晶片和金屬熱膨脹係數差異，為精密封裝材料發展趨勢，而奈米高分子材料正是可以解決上述所提之特性。

半導體奈米粒子光電性質

當粒子小到一個尺寸時，科學家稱這尺寸大小為一波爾激子長度（Bohr exciton length），此時粒子的光學及能階，會朝向與分子類似的性質，能帶（energy band）會有量子限量化效應，而不是連續的能帶，且當晶體粒子變得更小時，其能隙（band gap）會變得越來越大，造成材料光電性質有很大的改變。半導體研究中最明顯的例子就是硒化鎘（CdSe）奈米晶體，如圖 13-6 所示當晶體粒子從 5.1nm 逐漸縮小到 2.7nm，其光激發放光波長位置也從 632nm 往藍位移（blue shift）至 530nm，所以若我們將粒子尺寸大小控制得當，則我們可以只變化半導體粒子尺寸，就可以調變我們所希望的光波長了。除了圓球型的奈米晶體有特殊性質外，奈米線的製造及其光學研究在近幾年來也蓬勃的發展，2001 年美國加州大學柏克萊分校（University of California, Berkeley），楊培東博士在著名「科學」期刊發表將氧化鋅奈米線成長在具特殊晶面氧化鋁（sapphire）基材上，成功的以氧化鋅奈米線製成室溫紫外光奈米雷射如圖 13-7 所示。楊培東認為，奈米雷射最終可能用來製造一些元件，而這些器件可用於增加電腦磁片儲存量、鑑別微量化學物及用於光電腦中。本實驗室在氮化鎵奈米線的研究也頗有斬獲，如圖 13-8 所示，我們以矽晶片為基材，利用鐵、鈷或鎳為催化劑，在高溫下催化金屬鎵與氨氣反應生成氮化鎵奈米線，且氮化鎵奈米線已發現具有發展多樣光電元件的可能性。

奈米生化醫療科技

　　微系統科技的發展是日新月異，產品的尺寸已可到達奈米境界，這門技術應用到生物醫學界，漸漸已成了不可或缺的診斷治療工具，從心律調節器、人造心臟瓣膜、探針、生化感測器（biosensor）、各種導管、助聽器、大腦內視鏡、奈米內服藥物（nanomedicine）等等，皆是造成革命性醫療的新方法。美國太空總署（NASA）就以研究太空人進入太空後，利用奈米醫學進行體內偵測，除因太空中無醫生可診療外，也因太空中輻射較在地表上高出 25,000 倍，所以必須有自我偵測及治療等機制。德國 IMM（Institute fur Mikrotechnik Mainz）研究所自壓克力玻璃導出一種凝膠電泳晶片（gel-electrophorese-chips）可使蛋白質無所遁形。瑞典的斯德哥爾摩皇家科技研究所（Royal Institute of Technology in Stockholm）研發出一種血壓計，可直接進入心臟血管中測量血壓。奈米生化材料在抗癌研究上也有不少斬獲，柏林洪堡大學教學醫院 Charite 博士準備在今年底嘗試用新的療法治療癌症病人，由 A. Jordan 博士領導的研究團隊發現一定大小的奈米氧化鐵（Fe_2O_3）粒子配合外加磁場加熱誘導可殺死癌細胞。用糖衣包裹氧化鐵粒子偽裝，可以成功逃過人體免疫細胞的攻擊而安然

進入腫瘤組織內，加上交換磁場，在維持治療部位 45～47℃的溫度下，氧化鐵粒子便可殺死腫瘤細胞。如果之後改變磁場方向，它們便會順著磁場方向到下一個腫瘤區去，繼續殺死惹人厭的癌細胞分子。諸如此類，奈米科技的應用將會是生化醫療一個新的里程碑。

用分子製成的開關（switching with molecules）

休士頓萊斯大學奈米科學與技術中心（Rice University's Center for Nanoscale Science & Technology in Houston）的 J. M. Tour 及其研究夥伴利用奈米線接連官能基化（如乙烯基）的苯環做成的單層分子元件如圖 13-9 所示，當溫度冷卻到 60K 時，我們穩定外加電壓，此時分子並沒有電流通過，但當電壓加到達臨界電壓（threshold voltage）時，此時電流突然彈生，且當電壓繼續增加，電流迅速的下降，分子元件展現與傳統矽半導體元件不同的開關（switch）行為。由於分子有 2 個穩定的氧化狀態（oxidation states），Tour認為，它們可以形成「0」（絕緣狀態）「1」（導電狀態），所以可以當作分子記憶體元件。

用碳奈米管製成的元件（switching with nanotubes）

不是所有分子計算（molecular computing）都必須倚靠逐步的有機合成研究才可以達到，哈佛大學化學家 C. M. Lieber 和他的研究夥伴，則探求單層碳奈米管如何運用在元件上，如開關（switches）及作為讀寫訊息的線。首先，Lieber 在導電的基材上鍍一層薄的絕緣層，然後將一組平行排列的奈米管放於絕緣層上，且在與奈米管成直角的正上方再置入另一組與底下奈米管沒有接觸約距離 5nm 的平行奈米管，之後在每一個奈米管邊緣都連接上金屬當電極。當上下兩個交錯的奈米管沒有接觸時，junction resistance 此時變得非常高，是為「off」狀態。相對的，當上面的奈米管正好接觸到下層的奈米管時，此時 junction resistance 迅速降低，是為「on」。所以若外加脈衝偏壓（voltage pulses）於奈米管交錯的電極上，使奈米管產生靜電排斥或吸引力，這樣我們就可以控制奈米管有無接觸，也就是說可做成一個 on & off 的開關。Lieber 指出，這些交錯排列的管子，不僅僅可用來當作邏輯運算元件，還可能被當成非揮發性隨機存取記憶體（RAM）。他進一步指出，1 平方公分的晶片，可以容納 1,012 奈米管製成的元件，比 Pentium 製成的 1 平方公分晶片所容納的元件（107～108）高出許多。每一個奈米管所做成的記憶體元件可以儲存一個點（bit），比起現行動態隨機存取記憶體（DRAM）需要一個電晶體及電容才能存取一個點，或是靜態隨機存取記憶體（SRAM）需 4 到 6 個電晶體存取一個點都好很多。經實驗及計算建議，用奈米管所做的 RAM 其操作開關頻率為 100 GHz 比起現行 Intel 所做成的晶片超過 100 倍。無論是大小、速度或價錢，用奈米管製成的元件，都要比傳統 RAM 所得利益都要高出許多。

▶ 掃描探針顯微術

不像傳統的顯微鏡只直接提供物件的影像而已，掃描探針顯微術如 STM，已可以達原子解析度（atomic-scale）的表面形貌影像（surface contour map）。STM 是將金屬探針非常靠近導體樣品表面（約 1nm），此時外加小偏壓於探針上，電子獲得小能量而穿隧（tunneling）於這兩個表面間隙。由於穿隧電流與樣品和探針的距離有很大的關係，（當探針拉離表面約 1A，電流將降低約 10 倍）所以藉著監視穿隧電流，我們可以很快的可以得到樣品三度空間的資訊及立視圖（elevation map），不過 STM 有一個大的限制，就是樣品必須為導電材料。與 STM 相似，AFM

利用探針與物種表面間作用力關係來顯示影像。AFM 有接觸和非接觸兩種作用力模式，其中接觸模式是利用探針針尖與樣品原子核排斥力，為顯示影像的因素，而非接觸模式是探求探針針尖與樣品間的靜電力或是凡得瓦耳力來顯示影像。AFM 另一個功用就是因為探針的針尖非常的小，所以可以當作刻化奈米模板的工。

「科技始終來自人性」，不只是芬蘭手機大廠諾基亞（NOI-KA）的廣告詞，更是形容奈米科技發展的最佳動力代表詞。輕便、短小、快速的產品是最讓消費者喜愛的，為了達到這個目的，發展奈米材料就更加重要如表 13-1 所示，不管是磁性奈米材料、碳奈米管、生化標記（biological labeling）等，產業界無不積極投入。

美國前總統柯林頓宣布一項 2001 年 5 億元的預算，投入奈米技術研究，有人把這項計畫稱為「曼哈頓」計畫，相較 2000 年經費，增加了 83%。美布希政府，在 2002 年的預算仍將奈米技術推動方案（National Nanotechnology Initiative, NNI）列為重要項目之一，編列了 5.189 億美元來推動國家奈米科學、工程與技術之研發。加州大學校區設立加州奈米系統機構（California Nanosystems Institute），從事奈米整合領域研究發展，企業與加州政府提供 4 年的研究經費高達 2.6 億美元。

歐盟決定 2002～2006 年投入 13 億歐元，建立歐洲研究園區，支持歐盟各國的奈米技術、新製程方面的研究及智慧型材料，根據歐盟 2000 年 8～10 月間的調查，歐洲已高達 54 個有關奈米技術的合作研究網，其中有 29 個國家網，25 個為國際網。德國已建立或改組 6 個政府與企業聯合的研發中心，並啟動國家級的研究計畫。法國則最近決定投資 8 億法郎建立一擁有 3,500 人的微米／奈米技術發明中心，配備最先進的儀器設備和無塵室，並成立微米奈米技術之部門，專門負責專利的申請和幫助研

究人員建立創新企業。

　　早在 70 年代，日本政府與企業即開始重視零組件朝超精細與超微小的方向發展。1981 年日本啟動世界第一個關於超微粒子研究的 5 年計畫，1985 年「奈米結構研究工程」成為日本之國家正式研究課題。三菱綜合研究所預測到 2005 年奈米技術的市場將達到 8 兆日圓，到 2010 年，將達到 19 兆日圓他們認為，奈米技術與資訊技術、生物技術不同，不是某一領域的單一技術，而是一項主要的基礎技術，由此發展的奈米資訊、奈米工學、奈米生物與奈米材料等都將對未來世界有著重要的影響。

　　奈米科技可說是 21 世紀的新產業革命動力，目前國內半導體廠商也積極將 IC 推進到奈米領域，希望藉由奈米技術的發展，將台灣半導體產業由代工升級至領先地位。此外奈米新材料及量子理論的應用，可為聲、光、電磁與熱等領域之技術發展帶來新的前景；另外利用奈米技術研發生物晶片，將可取代生理檢查時煩雜前處理檢驗工作，病變的基因與細胞也可利用奈米技術修護，使其恢復正常與健康。經濟部技術處決定自 2002 年起，5 年內投資新台幣 80～100 億新台幣發展「奈米科技」，2002 年預算先投入 6 億元，2003 年投資累積到 18 億元，希望 5 年內開發出能夠待機 100 天的大哥大電池、體積比現有小 100 倍的光通訊元件、性能高價格成本低 100 倍的顯示器、速度快 100 倍且電能消耗低 100 倍的奈米晶片。在未來 10～15 年間，政府將極力爭取奈米產業所帶來的市場商機，包括奈米技術應用於材料與製程，10 年後每年預估可創造 3,400 億美元，應用在電子半導體產業每年可創造 3 千億美元。

三 生活可以很奈米

最常見的奈米產品，非驗孕試劑莫屬。若是婦女懷孕 3～4 週，在試劑滴上尿液，顯示窗會呈現鮮紅直線，即是奈米金顆粒的傑作。奈米是一種極小的尺寸單位，相當十億分之一米。十億分之一到底有多小？《奈米科技》書中比喻，若以一公尺比為地球直徑，一奈米相當一個玻璃彈珠的直徑。若以奈米為單位來表示，身長 2 米的 NBA 籃球員的身高相當 20 億奈米；細如髮絲的針頭是 100 萬奈米；人體的紅血球是 1,000 奈米。中正大學化學暨生物化學系教授王崇人表示，所有物質在奈米的單位時，物質原本的物理、化學性質發生改變，變成另外一種新材料。

以黃金為例，如果把金原子組合成奈米大小的顆粒，把它們散在溶液，就不再是黃澄澄的金色，反而呈現鮮紅色。應用此種原理，奈米金顆粒不只用來檢測是否懷孕，還用於愛滋病毒感染、藥物成癮篩檢等。想知道奈米技術還會應用在哪些產品？工研院企劃處處長暨奈米科技研發中心副主任蘇宗粲指出，食、衣、住、行、育、樂和醫藥等各方面，都跟奈米技術脫不了關係。

食

大陸的葵花籽包裝、歐洲的啤酒瓶、美國的果汁瓶，在食品包裝上添加了奈米顆粒，延長保存期限。食品保存最怕氧氣，容易孳生細菌。在塑膠袋（聚乙烯）、保特瓶（聚酯纖維）等高分子聚合物中添加奈米顆粒，可以增加分子間的緻密程度，使得氧氣不易進出，提高阻擋氧氣的能力。酒也會因為奈米技術而變得更好喝。傳統釀酵製酒過程中，除了會產出乙醇和芳香的酯類，還有些許的甲醇、醛類。酒經過奈米對撞機處理，在極高的頻率下振動，把醛類、甲醇全部氧化成酯類，增加酒香。

衣

大陸中國科學院研發的奈米領帶，大陸領導人江澤民、美國總統布希都是愛用者。不只是領帶，Lee 和 Nanotex 公司在今年合作推出了奈米卡其褲。這些奈米衣料最大的好處就是不怕髒，不易沾上咖啡、油滴等污漬。在衣料纖維表面塗覆疏水性的奈米顆粒，普通幾毫米大的液滴即使滴在衣料上，液滴和奈米顆粒的接觸面積僅占了 1.6%，其餘則和空氣接觸，只要輕輕一揮，液滴就掉下來。未來若能把衣料塗上能夠吸收紅外線或者抗UV的奈米顆粒，就可製作出能保暖、防曬的衣物。

住

在陶瓷表面覆蓋具有抗菌能力的奈米微細釉藥，製造出不沾污垢、抗菌的一系列衛浴設備，像和成牌今年推出的抗菌馬桶，即是一例。不只是室內，日本高速公路圍牆在表面塗上 TiO_2 光觸媒的奈米顆粒，有效分解空氣中的硝化物、硫化物，使建材外觀如新亮麗，並能減少空氣污染。因為汽、機車排放的廢氣含有硝化物、硫化物，它們不但造成空氣污染，遇水還會變成酸性物質，腐蝕建材。歐洲也將此項奈米技術應用於古蹟維護，希望歷經幾世紀風吹雨打的大教堂、戶外雕塑、壁畫等藝術品，能夠減緩被酸雨侵蝕的速度，延長壽命。

行

未來汽車、飛機的重量會更輕，更省電，也更環保。德國汽車正研發新型擋風玻璃，以奈米級的玻璃顆粒混上塑膠，重量不但大大減輕，而且不沾雨絲，不易附著污垢。汽車的汽缸若是使用奈米材料，碳氫化合物等氣體不易逸散出去，減少廢氣排放量。如果車身塗上奈米粉體，由於奈米顆粒結合緊密，一點也不

用擔心車身會留下刮痕。滿街跑的是太陽能電動汽車，或者人人手上拿的是可待機數百小時的行動電話，也會因奈米技術成真。因為在電池添加了奈米級鋰顆粒，能夠大幅延長供電時間，縮短充電時間，會是未來電池的主流。

育

不用帶厚重的課本上學，只要帶著一頁比信用卡還薄的電子書就行了。一個用鉛筆畫的句號，由 3 億個碳原子排列組合而成。電子書上的面板是由上百萬個奈米顆粒所組成，電壓可以控制原子排列，組合不同的字。隨著輸入的頁數，電壓上上下下，每頁有不同的字跳出來。

樂

未來兩年內，第一台以奈米碳管做成螢幕的電視可望問世，它不但省電、成本低，而且很薄，厚度僅數公釐。奈米碳管彈性極高，電傳導性高，強度比鋼絲強上百倍，但重量卻輕，兼具金屬與半導體的性質，可用於平面顯示器、電晶體或電子元件上。除了電視、電腦，奈米碳管也被用於網球拍、滑雪桿，質輕、鋼性好的特點，讓運動人士用起來愛不釋手，舒適地打一場好球。奈米網球、奈米排球也相繼問世，在球類表面塗覆奈米顆粒，也能阻絕氣體進出，不易沾上汗滴，保持球的彈性。今年 2 月，在美國開打的戴維斯盃網球賽即是用奈米網球。

醫藥

1 延長藥效

胰島素奈米膠囊：波士頓大學研究人員把老鼠的胰島細胞用薄膜包起來，再植入患有糖尿病的老鼠體內，薄膜上布滿 7 奈米大小的孔洞，僅能讓胰島素分子慢速釋放出來，由於抗體體積太

大無法通過奈米級的孔洞，藉以保護胰島細胞不被抗體吞噬、分解。這樣一來，原本需要天天注射胰島素的糖尿病鼠，植入膠囊後，不用打針，數週後也可存活下來。

❷ 增加檢驗的靈敏度

磁振造影（MRI）顯影劑以奈米級顆粒的螢光染料做為染料，所得的影像會更清晰。因為螢光染料在奈米顆粒時，較原來不易受到背景值干擾，也不易衰退變淡。

❸ 精準到達病灶

由於人體的細胞大小是 100 微米，相當 10 萬奈米。以 dendrimer 奈米級樹枝狀高分子聚合物做為藥物的載體，使藥物容易被細胞吸收，再加上奈米級顆粒傾向累積於體內發生發炎的區域，更能精準到達病灶。利用奈米級機器人進入人體和病毒展開大作戰，或是清除血管中的血塊，都會因為人類走進微小世界之路，使一切變得可能。輪胎、太空船，奈米全都包？國科會指出 5 年內，奈米技術將出現全面應用的榮景。除了半導體、光電，奈米還可能「加持」哪些產業創造高獲利？

（四）米是全球「新顯學」

根據美國白宮國家科技委員會等單位的估計，未來 10 到 15 年內，奈米技術的相關產品市場價值將達到一億美元之譜。由產品別來檢視，材料方面的產品每年約達 3,400 億元，高居各類應用之冠。台灣方面也不落人後，官方的投入除了經濟部之外，工研院也成立國內第一座奈米科技研發中心，整合工研院院內各所既有的奈米人才及技術，成為國內推動奈米科技的「火車頭」。而廠商的動作也不遑多讓，包括晶圓代工業的台積電、聯電；光電業的東元奈米應材、瀚立光電；甚至是建材業的和成欣業、長興化工等，都迫不及待地跟上奈米這個新顯學。

科技業趕搭奈米列車

高科技業去年便已引爆奈米熱潮，包括半導體業的英特爾、超微（AMD）、台積電、聯電和特部A以及光電業的東元奈米應材和瀚立光電在內的國內外廠商，已開始進行奈米卡位戰。其中，英特爾去年就宣稱已經成斥桎彳X90奈米製程的晶片，實際電晶體閘長最小只有50奈米，以同樣體積的晶片來說，運算速度會大幅提升3成以上。晶圓的製程縮小，表示每單位面積上可以容納的電晶體數量變多。「如果改採更小的奈米製程，未來的效能不就可以提升更多？」戴寶通表示，半導體業界現在就正在進行奈米製程的競賽，「誰先量產，誰就可以取得主導地位。」況且消費性電子產品越來越要求輕、薄、短、小，小體積晶片和SoC（系統單晶片）的趨勢也日益明朗，奈米製程正是推動這個趨勢的最大助力。另一個正在積極蘊釀奈米進程的產業則是已經殺紅了眼的顯示器業。在TFT-LCD成為顯示器主流，甚至已經打起價格戰時，CNT-FED（奈米碳管場發射顯示器）業者正埋首研究室，準備切入這個殺戮戰場。去年中，東元奈米應材就公開對外宣布，東元準備在2004年前開始量產奈米碳管和CNT-FED。

東元奈米應材總經理陳國榮表示，所謂的奈米碳管（Carbon Nano Tube，簡稱CNT）指的是一種由碳組成、體積十分微小的奈米材料（直徑約10～100奈米），具有易導電和抗化學腐蝕的特性。利用奈米碳管的場發射電子打擊螢光粉而發光，具有高亮度、反應速度快、省電的優點，而且將「薄如紙張」，未來的顯示器有可能因此「隨身帶」。

「和TFT-LCD（液晶螢幕顯示器）或是PDP（電漿電視）相比，CNT-FED的最大優勢在於製程簡單，和原本生產CRT螢幕（傳統陰極射線管顯示器）的know-how差不多，」陳國榮說，「奈米碳管未來甚至可應用在照明、發光元件上，出路很

廣。」陳國榮樂觀地估計，在大尺寸螢幕的競爭上，CNT-FED
除了原料成本較貴之外，其他部分都勝過 TFT-LCD 和 PDP；況
且全球只有南韓和台灣在角逐這塊餅，技術差距又不大，前景十
分看好。奈米技術雖然尚在起步階段，但是「未來幾乎所有的產
業都有可能應用到，」國科會科資中心主任孟憲鈺指出，最快 5
年可能就可以看到奈米技術全面應用的榮景。

改變戰爭面貌，奈米更勝火藥

材料、元件歷來最細微人工製品，影響武器、通訊及士兵作
戰，奈米技術已使戰爭徹底改觀。奈米技術材料和元件是有史以
來最細微的人工製品，現在已經在伊拉克戰場上派上用場，美軍
通訊系統和武器中已有奈米技術材料和元件。但奈米技術材料和
元件在伊拉克戰場上所扮演的角色仍然有限，因此後世可能覺得
美伊戰爭是世上最後一場不使用奈米產品的戰爭，而不是第一場
廣泛應用這種產品的戰爭。奈米技術分析師艾倫波根說：「大部
分可以起重要作用的產品目前還在研發階段。」一奈米相當於十
億分之一公尺，大約只有一顆分子大小。美國國防部對奈米技術
非常感興趣，過去 20 多年間都很支持這方面的研究。預料美國
國防部在本會計年度花在奈米技術研究上的經費將高達 243 百萬
美元。美國聯邦政府奈米技術研發預算則為 774 百萬美元。奈米
技術吸引人的地方是假如一般物質如碳等縮小到奈米尺碼，就會
出現一些很特別的特性，或強度變得超大。

主持美國國防部基本研究局事務的國防部副次長拉伍說，奈
米技術比火藥的發明更能改變戰爭面貌。他說，武器、通訊及士
兵作戰的每個方面都將受奈米技術影響。美國陸軍對奈米技術寄
予厚望，希望可以利用這種技術製成防水、輕便且如裝甲的材
料。但麻省理工學院兵士奈米技術研究所所長湯馬斯說，這種材
料可能要過一個世代才會出現。至於比較實際的想法，如製成可

以快速偵測多種化學和生物武器的手提裝置，則可望在兩年內實現，新產品則在兩年後開始初次部署。

湯馬斯說，美國軍方已決定撥款 5 千萬美元充當麻省理工學院這方面的 5 年研究經費，麻省理工學院本身的贊助和業界的捐款加起來也和這個數目相當。但奈米技術也有比較平凡的一面，例如海軍船艦鍋爐管線的外層塗料以及掃雷艇傳動軸的外層都已使用奈米技術產品。這些塗料比傳統產品更有彈性，微粒也較小，因此也比較耐用，也比較能在極端惡劣的環境下耐久。國防部已開始採購的奈米技術產品還包括一種火箭燃料添加劑，使飛彈和火箭的速度提高，據說這種產品還可以加大射程。

五 真假奈米產品如何分辨

奈米一詞儼然已成為當今高科技的代名詞，在奈米風潮的帶領下，也正給予人們許多無所不能或是出奇制勝的機會，由於處處皆有產品應用奈米科技之新機會，以致許多生活應用都直接聯想到利用奈米科技來解決，許多商品或技術更喜歡以奈米為名來吸引消費者或媒體，甚至許多科學研究都喜歡加掛「奈米」兩字來爭取經費或引人注目，如此下去難免擔心奈米兩字被廣告過於渲染，造成另一種不信奈米之災難。此種問題就像許多誇大宣傳之廣告一樣，可以游走在法律邊緣，無法單靠公權力介入來解決，唯有從加強教育消費者提升知識著手。

✛ 奈米尺度效應與評估

奈米尺度產生之新穎現象與特性主要由於奈米尺寸效應，例如大表面積效應、高表面能（Surface Energy）效應、小尺寸效應、量子效應等。因此在判斷是否為真正奈米技術上，可以追溯到基本效應並評估其實測特性值。

❶ **大表面積效應**

此可由表面積之量測而得，例如利用氮氣吸附表面積（NSA）法。奈米材料可以測得較微米材料更高的NSA表面積，此表面積也與聚集構造之孔隙度有關。例如以銅粒子為例，比較粒子直徑為 10nm 與 1nm 之表面原子分布比例與比表面積如表 13-1 所示。

表 13-1　　銅粒子直徑與表面原子分布比例、比表面積之關係

銅粒子尺寸	表面原子	分佈比例	比表面積
10nm	20%	90m^2/g	1nm
1nm	99%	900m^2/g	

❷ **高表面能效應**

此可以由表面能之量測而得，例如利用逆向氣相層析法（Inverse Gas Chromatography，簡稱 IGC），可用以評估粉體表面能量。由於表面原子較多且具有為配對電子，所以表面化學活性高，其表面能通常隨尺寸減小而增加。

❸ **小尺寸效應**

由於奈米粒子尺寸介於 1nm～100nm，將導致光學、電性、磁性、熱性質等產生新的特性。例如因為粒子尺寸小於可見光尺寸（400～760nm）範圍，使得粒子材料轉為透光性或具有透明性。

❹ **量子效應**

當粒子尺寸低於一特定值時，電子能階將由連續式能階轉為離散式能階。對於塊狀材料包含原子數接近無限大，相鄰電子其能階間距接近於零，也就是接近連續式能階；若所含原子數有限，例如數十個至數百個原子，相鄰電子就會具有特定能階，產

生能階分隔現象。當能階間距大於光子能量、靜電能、熱能或磁能時,將會產生量子效應,導致光、電、磁、熱特性與塊狀材料之宏觀特性不同。

奈米產品特性

奈米本來就只是尺度的觀念,自然界中許多現象以介觀來看差異性,都可以縮小範圍至奈米級微相構造或型態(Nano-phase or Morphology),這是萬物皆有的本質特性,不足為傲,但是在科學上如果能證明其特性與整體塊狀材料不同者,才是奈米科技之精華,以下將目前奈米材料主要特性列示如表 13-2 說明。通常可藉以從奈米級結構與特殊性能來表現真正的奈米科技產品。

表 13-2　目前奈米材料/產品主要特性

分　類	奈米材料	奈米級結構	增強特殊性能
金屬	奈米粒子	粒子	發色性、記憶媒體、導電性、電池電極性能
	奈米材料結構物	結晶、組織、界面層	強度、加工性、磁性
有機材料	奈米高分子	分子鏈、微相型態(morphology)、粒子	強度、熱變形溫度、阻氣性、自組裝(Self-assembly)
	奈米生醫材料	膜、粒子	辨識性、藥劑作用
複合材料	奈米塗層	界面、表面結構	自潔性、耐磨耗性、透明、導電、光觸媒
	奈米複合材料	粒子、微相型態(morphology)	強度、熱變形溫度、阻氣性、光學或透明性
無機材料	無機物		

Chapter 11

黃金膠體粒子

重點摘要：
一、奈米黃金膠體粒子
二、奈米科技
三、目的

一 奈米黃金膠體粒子

以無人不愛的黃金為例，當它被製成金奈米粒子（nanoparticle）時，顏色不再是金黃色而呈紅色，說明了光學性質因尺度的不同而有所變化。又如石墨因質地柔軟而被用來製作鉛筆筆芯，但同樣由碳元素構成、結構相似的碳奈米管，強度竟然遠高於不銹鋼，又具有良好的彈性，因此成為顯微探針及微電極的絕佳材料。

奈米結構除了尺寸小之外，往往還擁有高表面／體積比、高密度堆積以及高結構組合彈性的特徵。所謂的奈米科技便是運用我們對奈米系統的了解，將原子或分子設計組合成新的奈米結構，並以其為基本「建築磚塊」（building block），加以製作、組裝成新的材料、元件或系統。因此，在製程的觀念上，奈米科技屬於「由小作大」（bottom up），與半導體產業透過光罩、微影、蝕刻等「由大縮小」（top down）的製程相當不同。

奈米科技涵蓋的領域甚廣，從基礎科學橫跨至應用科學，包括物理、化學、材料、光電、生物及醫藥等。例如奈米科技專家利用一種一端呈輪狀的合成酵素來驅動微型螺旋槳，製造出大小僅十幾奈米的分子馬達，成為分子機械上的一大突破。又例如IBM 已成功地採用半導體碳奈米管製成場效電晶體，並進一步製作出單分子邏輯閘，是為分子電子學上的一大進展。

在產業方面，奈米科技已經被公認為 21 世紀最重要的產業之一。從民生消費性產業到尖端的高科技領域，都能找到與奈米科技相關的應用。例如有名的「蓮花效應」（lotus effect）是指荷葉由於表面的奈米結構，因而具有抗水防塵的自潔功能，這個特性能用來改善高科技的戰機雷達天線罩，也可以運用來生產自潔玻璃及奈米馬桶等民生用品。

　　總之，人類文明在歷經前兩個世紀的機械、電子乃至於資訊科技所帶來的工業革命，第四次工業革命的腳步儼然已隨著奈米科技的興起而到來，且由於其涵蓋領域甚廣，潛在的影響範圍遠超過半導體資訊產業，因此目前世界各國無不競相投注大量的人力與資金進行相關的研究開發。

奈米科技

　　奈米一詞儼然已成為當今高科技的代名詞，在奈米風潮的帶領下，也正給予人們許多無所不能或是出奇制勝的機會，由於處處皆有產品應用奈米科技之新機會，以致許多生活應用都直接聯想到利用奈米科技來解決，許多商品或技術更喜歡以奈米為名來吸引消費者或媒體，甚至許多科學研究都喜歡加掛「奈米」兩字來爭取經費或引人注目。

　　奈米（nanometer）是一個長度的單位。1奈米等於十億分之1米（10^{-9}meter），約為分子或 DNA 的大小，或是頭髮寬度的十萬分之一。奈米結構的大小約為 1～100 奈米，即介於分子和次微米之間。在如此小的尺度下，古典理論已不敷使用，量子效應（quantum effect）已成為不可忽視的因素，再加上表面積所占的比例大增，物質會呈現迥異於巨觀尺度下的物理、化學和生物性質。所謂的奈米科技便是運用我們對奈米系統的了解，將原子或分子設計組合成新的奈米結構，並以其為基本「建築磚塊」（building block），加以製作、組裝成新的材料、元件或系統。因此，在製程的觀念上，奈米科技屬於「由小作大」（bottom up），與半導體產業透過光罩、微影、蝕刻等「由大縮小」（top down）的製程相當不同。

　　奈米（nm）與公里、公尺（米）、公分，都是「長度」的單位名詞。我們把單位按大小排列如下：公里（km）→ 米

（m）→毫米（mm）→微米（μm）→奈米（nm）牛頓雜誌曾經以地球作比喻：「一米」與「一奈米」的大小相比較，相當於地球的直徑與地球上的一顆玻璃彈珠可見奈米是多麼的微小，它已經遠遠超過了人類視覺可及的範圍。一般來說，只要尺寸在 0.1 到 100 奈米之間的材料結構的物理化學性質研究，和這種材料結構的製造、操縱和測量等技術和研發，都可以稱為奈米科學和技術。1 奈米大約是「2～3 個金屬原子」，或「10 個氫原子」排列在一起的寬度。

　　「病毒」的直徑約 60～250 奈米。

　　「紅血球」的直徑約 2,000 奈米。

　　「頭髮」的直徑約 30,000～50,000 奈米。

奈米：尺寸的單位，十億分之一米

十億分之一有多大？
■ 地球直徑的十億分之一　大約是一顆彈珠的大小
■ 地球到月球的距離不到十億米，38.4401萬公里

| 人高 | 針頭 | 紅血球 | 分子及DNA | 氫原子 |
| 20億奈米 | 100萬奈米 | 1千奈米 | 1 奈米 | 0.1 奈米 |

圖 9-1　各物質的大小

 目的

　　「奈米」在微小的世界裡，蘊藏著無窮的奧妙與機會，怎麼說呢？因為奈米的確是可以下金蛋的「金雞母」：從兩兆雙星之一的晶圓代工，到民生用品、建築材料、藥品，甚至是農藥，奈

米科技都有著力的空間。難怪學界盛讚，奈米科技將可能引爆改變產業結構和生活方式的「第四次工業革命」。從民生消費性產業到尖端的高科技領域，都能找到與奈米科技相關的應用。例如有名的「蓮花效應」（lotus effect）是指荷葉由於表面的奈米結構，因而具有抗水防塵的自潔功能，這個特性能用來改善高科技的戰機雷達天線罩，也可以運用來生產自潔玻璃及奈米馬桶等民生用品。所以奈米馬桶，則是奈米點石成金的另一個範例，有了奈米馬桶後，只要用極少量的清水，就可以完成清潔的工作。用了奈米馬桶，媽媽再也不必拿著刷子刷馬桶了！在過去，無論馬桶用多好的清潔劑、多神奇的超強去污劑或者多用力去刷洗，永遠都無法回復原來潔白的樣子，清潔打掃浴室、馬桶，不少人都興趣缺缺，刷馬桶這種工作不討喜卻又不能不做，如果能有一種讓馬桶永遠乾淨，洗手檯永遠亮晶晶的法寶，相信會十分受歡迎。所以有了奈米馬桶後，借由它特殊的奈米釉材質，除了不用用力去刷外，甚至用清水就可以沖的乾乾淨淨。台灣潮濕、多雨的氣候，造成許多建築、廠房外牆容易損壞、被侵蝕而無法常新；而住屋及室內壁面也產生陳舊、易藏污垢及黴菌等有害的有機物質情形。影響整個都市景觀及居住生活空間品質。因此，要打造美好的環境空間就必須選擇良好的建材及優良的衛浴設備！

奈米顆粒

由於量子尺寸效應、小尺寸效應、表面和介面效應、宏觀量子隧道效應，導致其物、化性顯著變化（範圍界定於 1nm to 100nm）。

(1)低熔點、高比熱溶、高熱膨脹係數。

(2)高反應活性、高擴散率。

(3)高強度、高韌性、高塑性。

(4)奇特磁性。

(5)及強吸波性。

奈米粒子與傳統固體於力、電、熱、光、磁、化學性質不同。

鈦酸鋇與介電陶瓷

介電陶瓷材料通常具有相當高的電阻係數，因此在一般狀況下，介電陶瓷也常被視為絕緣體。但是其與絕緣陶瓷不同的是在電場作用下，介電陶瓷會產生極化作用（Polarization），利用此極化特性可製程陶瓷電容器、濾波器、感測器、發熱體、記憶體及各種陶瓷電子元件。在所有介電陶瓷材料中，使用最廣也是最重要的就是鈦酸鋇（Bariun Titanate）系介電陶瓷，其中也包含修飾鈦酸鋇陶瓷。

變色衣

「隱身」一直以來都存在於人類的想像中，雖然在古代它經常出現在笑話與童話中，被認為是異想天開、癡人說夢，然而如今，隨著科技的發展，這個古老的夢想正一步步逼近現實。美國科學家日前開發出一種新型的「變色衣」，它能在特定條件下改變顏色。這種「變色衣」的出現代表人類通向「隱身之夢」的道路又多了一條，因為它最終將能像變色龍的皮膚一樣隨時與環境融為一體。

據法新社報導，康涅狄格州大學的格雷格·索特茨教授發明一種特殊的「線」，它由所謂的「變色聚合體」製成，能隨外加電壓改變顏色。因此，由這種線編織而成的衣服，當然也就是一件「變色衣」了。

據介紹，這種「變色線」的「化學鍵」（chemical bonds）中所含電子能夠吸收不同波長的光線，當外加電壓改變時，電子的能量也會發生改變，其吸收的光線也將隨之改變，這樣從外面看來就彷彿是材料本身改變了顏色。

目前，索特茨教授已經研製出從桔紅到成藍色以及從紅色到藍色的「變色線」。他下一步的目標增加了難度，讓線在「紅-藍-綠-白」四色之間變化。而索特茨最終的目標是，把不同的「變色線」以縱橫交錯的形式編織成一件「變色衣」。這件衣服將由微控制器操縱，它將隨著穿衣者的心情改變顏色，或者自動感知周圍環境的圖案及色彩並做出相應的調整，與之融為一體。這樣穿衣者也就「隱形」了。

「隱身衣」前身之二：「散光派」

如果說，索特茨教授的發明是利用變色的原理最終達到隱形，那麼俄羅斯烏裡揚諾夫斯克州立大學的奧萊格‧加多姆斯基教授走的就是另一條路了。他通過多年研究發現，一個物體只要覆蓋上一種由黃金膠體粒子製造的「特殊外衣」，就可以從肉眼前消失，也就是達到了隱形的效果。

加多姆斯基教授的發明是基於銳減散射光的概念。人類能看到物體是因為光射到物體上後，物體又反射了光。只要中斷這個過程，人就看不到物體。不過，這種「隱身衣」目前只能使靜止的物體隱形，物體移動時，光的輻射頻率會發生改變，物體又會「顯形」了。

與奧萊格‧加多姆斯基同樣屬於「散光派」的還有賓夕法尼亞大學的兩位科學家阿魯和英奎特，他們曾發明了一種「等離子體振子罩」，在入射光頻率與等離子體振子材料製成的外殼的共振頻率接近時，可以做到幾乎不散射光線。外殼的散射抵消物體的散射，物體可以在各個角度都幾乎不可見。根據英奎特教授的計算，等離子體外殼對於球狀和圓柱狀物體的隱身效果最好。

倫敦帝國大學物理學家約翰‧潘德里教授稱，由於光線的波長不同，因此，一個特定的隱形罩可能只在特定波長的光線下起作用。能夠應付所有可見光波長——從紅光到紫光的「萬能隱形罩」，目前還無法發明出來。

東京大學的田智前教授設計的「隱身衣」則採用與上述兩種完全不同的原理。它先將衣服後面的場景拍攝下來，然後將影像轉換到衣服前面的投影機裡，影像再經由投影機投射到由特殊材料製成的衣料上。這樣，穿衣者看起來就是透明的了。

說起來容易，做起來卻難。這樣一件「隱身衣」需要6個像素為1,160萬的實體鏡照相機，每個都必須帶一個非常明亮的電子顯示器，並由性能極強的計算機控制。這個計算機由一個衣服內嵌的電源提供電力。但是，這種影像系統只對處於特定位置的觀察者有效，如果變換一定角度的話，會完全喪失隱身效果。

美國北卡羅萊納州的發明家羅伊·阿爾登設計的光學系統也採用這一工作原理，用一台監視儀拍攝物體周圍背景，再用投影儀把監視儀中的圖像投射到要隱藏的物體表面。

人類科技發展史上已經無數次證明：看似荒誕的想像裡也許正孕育著未來的科學。「隱身」的巨大誘惑與無限潛能，將吸引更多的科學家投入這項研究，創造出更多的「隱身門派」。

俄羅斯烏裡揚諾夫斯克州立大學一名科學家最近已經發明出了一種特殊的「隱身衣」，並且申請了專利。

據新京報導，在哈利波特電影中可以隱形的魔法斗篷也許將在生活中成為現實。最近俄羅斯一名科學家通過多年的研究發現，一個物體只要覆蓋上一種由黃金膠體粒子製造的「特殊外衣」，就可以從肉眼前消失，達到隱形的效果。

Chapter 12

光觸媒

一 前言

◆ 何謂光觸媒

觸媒是一種催化劑，用於降低化學反應能量，促使化學反應加快速度，但其本身卻不因化學反應而產生變化或破壞其本體結構之物質稱之。光觸媒顧名思義即是以大自然太陽光或照明光源特定波長光源的能量來作為化學反應能量來源，利用二氧化鈦作為觸媒催化物，加速大氣中物質的氧化還原反應，使周圍之氧氣及水分子激發成極具活性的・OH^- 及・O_2^- 自由離子基，這些氧化力極強的自由，幾乎可分解所有對人體或環境有害的有機物質及部分無機物質，使非穩定及有害物質迅速氧化分解反應而再還原結合為穩定且無害物質，以達到淨化大氣之功用。

二氧化鈦（TiO_2）之光觸媒作用原理光奈米之超微粒子二氧化鈦為半導體，可吸收某波長以下之光（銳鈦礦型為 388nm 以下之紫外線）來產生電子與正孔，通常會立刻再結合後消滅，但光觸媒於再結合之前容易與其他物質起氧化還原反應。二氧化鈦光觸媒之特徵在於正孔之強氧化力。這種正孔會直接氧化有機物，會與水起反應，產生氧化力極強之 hydroxy radical（・OH）來氧化有機物。另一方面，電子將空氣中之氧還原後產生 super oxyacid anion（O_2^-），有助於抗菌或有機質之分解，變化成過氧化物或水。為了有效產生這種化學原料，必須使電子與正孔容易出現在二氧化鈦之表面，為此必須將二氧化鈦之粒子變小。因此運用奈米技術將二氧化鈦粒子生成之大小幾乎都在 10nm。

藉由此光觸媒之強氧化力，可製造各種不同之效果。例如，將二氧化鈦塗於玻璃表面再經由太陽光或螢光之照射，則可輕易分解有機物之污垢、分解空氣中或水中之有害物質、殺菌等。另

一方面，二氧化鈦本身由於不會變化，因此可以永遠持續光觸媒效果。

此種驚人效果會藉由光線中微量紫外線顯現而出是不爭之事實。光觸媒有「光強度越弱有機物分解越有效」這種光比例（量子效率）變佳之特徵，即便是弱螢光也十分有效，這足以證明光觸媒實用性的高低。

◆ TiO$_2$（Titanium Dioxide）光觸媒之由來

光觸媒之歷史起源之問題非常難解。例如，可引用之文獻為 1974 年出版之單行版所記載之，用光照射 ZnO（氧化鋅）後會產生「光觸媒反應」，還有在 1927 年使用 ZnO 來生成雙氧化（過氧化氫）之報告等等。以後，主要之觸媒化學的研究有「光增感觸媒反應」與「光傳導產生之反應」。而利用半導體應用於光電極，是源自 1839 年以來之電化學之研究。是否可以「粉末半導體」考慮為「微小電極」之方式來作為「光觸媒反應」命名之起源，實在甚難斷定。

光觸媒之歷史起源之問題非常難解。例如，可引用之文獻為 1974 年出版之單行版所記載之，用光照射 ZnO（氧化鋅）後會產生「光觸媒反應」，還有在 1927 年使用 ZnO 來生成雙氧化（過氧化氫）之報告等等。以後，主要之觸媒化學的研究有「光增感觸媒反應」與「光傳導產生之反應」。而利用半導體應用於光電極，是源自 1839 年以來之電化學之研究。是否可以「粉末半導體」考慮為「微小電極」之方式來作為「光觸媒反應」命名之起源，實在甚難斷定。

以第一回石油危機為契機，石油燃料之替代品，大部分多著重在太陽能轉換成氫氧方面之研究。因此，從發現至現今已過了三十多年，發現者為現任東京大學件研究所工學系研究科教授工學博士藤鳴昭。在發現時，藤島先生為東京大學研究所之學生。

研究所學生藤島青年，在當時為電子寫真（影印）之影像材料之基礎研究者之一，從事「光回應氧化物半導體」之研究。係以氧化鋅半導體做電極、置於水溶液中受光照射後，可了解依照射光之強度不同、而依比例產生強度不同之電流。

如此之現象，當時在德國、美國亦同步熱烈展開研究，因而解析了以電流之流動機構，來說明利用光來溶解氧化鋅之反應式。除了 ZnO 以外，硫化鎘同樣可產生光溶解現象，在偶然機會取得二氧化鈦半導體單結晶。此結晶為透明玻璃狀、質硬而且對光之折射率大，因此、有如鑽石的替代品一般被視為至寶。將該 TiO_2 單結晶用鑽石切割機切取薄片丹版狀片作為電極，而對極使用白金電極，做成閉所迴路，並朝 TiO_2 單結晶照射氙燈看看。驚人的是在 TiO_2 白金兩表面冒出氣體，快速的將這類氣體集中後，用氣層分析（GC）測定結果發現自 TiO_2 冒出氧氣，而白金冒出氫氣，由此可知，用光可以將水分解成氧氣及氫氣。而在此時，TiO_2 本身並不溶解，照射好幾天其表面特性並沒有完全變化。如此發現的現象與植物光合作用極為類似。命名為「本多藤島效應」，此發現被發表使世界上之科學家周知。後來迄今，探索比 TiO_2 更具太陽吸收能力而能使水分解之半導體之報告，迄今尚未被發現。

❖ 「觸媒」之條件

1. 要能加速反應速度、要使通常難以發之反應產生反應。
2. 本身不分解而能持續重複產生作用（Turn over 折返數在 2 以上）但是「一般之觸媒」僅在熱力學上可能之反應係數內有效。「而與光有關係之觸媒」當然亦屬熱力學上可能之反應系觸媒，但其更具有之特徵為在熱力學上不可能促使之反應亦可藉光之助力來促進反應。由此可知，與光有關係之觸媒不能定義為一般之觸媒。總之，一般之觸媒係利用降低反應系之活性

化能，來提高反應速度。而與光有關係之觸媒、不僅能降低反應系之活化性能，同時亦可利用光能來激發產生高反應性電子（或質子），或用光之激發來製造不安定狀態、而能在黑暗處使熱力學上不反應者能產生反應。光觸媒可大分類為：利用光激發而分離所生成之電荷（正負電荷）與利用光激發而產生不安定狀態等兩大類。

利用光激發狀態下所產生之其他反應（增感劑）（異性化、離子化、游離基分裂、分解等）除了以上所述者以外，依不同之合併應可能出現種種不同系統，大致以上之方式來表示。總之，若假設將激發中心與觸媒為一個化合物或一個複合材料，其全部可稱為「光觸媒」。由與光有關係之觸媒化學反應來轉換光能之觀點來觀察，重點在於其反應前後之自由能之動向。由合成觸媒化學反應與環境關聯之其他應用方面來看，重點在於不能反應之基材上，只產生光激發狀態，光促進作用顯著增加加速反應。特異或選擇性的引發反應，或光變成了資訊媒體等等因素。「觸媒」之基本要件為能重複使用，在自然界有綠色植物之光合器官，光合作用由多種觸媒構成，為一種光化學變換系統之代表例，該系統之人工化為未來之太陽能能源開發之重要課題。

光觸媒反應

經由日光或紫外光線照射，在光觸媒塗布區的二氧化鈦經光線照射後藉由紫外光提供能量給二氧化鈦（TiO_2）粒子，TiO_2 的表面電子會跳脫出來而在表面形成一個電洞，使得空氣中的氧氣一接觸到就生成 O_2^-（超氧離子）及空氣中的水分子（相對溼度）生成 OH^-（氫氧自由基），而產生會去搶有機物質中的碳原子的氧化還原效應。使得微小的有機物質（細菌、臭味、病毒、塵蟎），被轉化為二氧化碳（CO_2）和水（H_2O），即是光觸媒作用，而此機制的重點即是經過作用後之二氧化鈦本身並不會因此

而起變化，類似光合作用一般，因此可長期使用。

光觸媒的原理

當光觸媒吸收光之後，發揮其半導體特性，電子可由價電帶躍遷至導電帶，同時價電帶因電子之離開，產生電洞，而形成一組電子電洞對，其反應時間僅數微秒。這個行程的電子電洞對會對周圍的環境產生一些影響，稱之為氧化反應，這個反應有助於殺菌、除臭、防黴的功能。

另外，光觸媒也具有親水性，可以藉此產生自淨功能。這些反應我們統稱為光觸媒反應。

當光線照射在光觸媒塗布層上光觸媒將會發揮氧化分解以及超親水的特性。

二氧化鈦光觸媒技術的發展與應用

光觸媒技術的基本原理是二氧化鈦接受光子，因電子／電洞的產生，而引起一連串反應後，產生某些自由基，其中以氫氧自由基最具有氧化、分解能力。光觸媒技術的發展大約始於 25 年前，剛開時並非著眼於污染物的去除，但是經過多次的嘗試與發展，終於發現此等技術用在環境工程方面相當有潛力，尤其是光觸媒技術可以利用我們周圍的自然光能做為能量來源更是特別。

二 光觸媒技術的應用

近年來，工業產品的製造上有共同認知，那就是生產的產品必須對環境友善，所以在有了此認知，光觸媒技術的發展逐漸被重視，許多的產品在設計製造時都被加入了光觸媒的功能。光觸媒技術的主要應用範圍有六大領域。以下值就殺菌、防霧、除臭、水處理方面做簡單說明。

殺菌方面

二氧化鈦可鍍在建築物內的玻璃、壁紙或磁磚上，當二氧化鈦吸收足夠的光能以後便可產生氫氧自由基，因此吸附在建築材料表面的細菌或是病毒便可被殺死，此等技術不僅可應用於一般住家更用在醫院內部的裝潢，以創造一個清淨、無毒的環境。

防霧方面

鍍在玻璃表面的二氧化鈦，經照射紫外光後可增加其親水性。因為玻璃表面之所以會形成霧氣，主要是水分子在玻璃表面成顆粒，因此阻礙視覺，而增加玻璃表面之親水性，可使水分子不在玻璃表面形成微小顆粒，所以也就無霧氣的產生，此技術可應用在汽車的照後鏡表面處理，如此一來照後鏡不會因下雨而凝結水滴在上面，而阻礙了視線，妨礙行車安全。

空氣中臭味及污染物之去除

若將二氧化鈦加在纖維中織成布，製作成衣服，則吸附在纖維表面的臭味物質會被光催化分解。當然其所產生的味道也就被消除。在 SO_x，NO_x 方面，經由光觸媒程序，可將其由氣相轉化成液相之 SO_4^{2-} 及 NO_3^-，再將其從二氧化鈦表面洗出，最後由鹼中和沖洗廢液中和。

水中污染物之去除

水中的污染物包含有機污染物，重金屬離子，細菌病毒等，光觸程序所產生的氫氧自由基，可以殺死細菌、病毒，破壞有機物，也可以藉由二氧化鈦表面的氧化還原反應，而將水中的重金屬離子還原而沈澱下來，因此將水中的污染物去除，並且有資源回收功能，若為貴重金屬則更具經濟價值。二氧化鈦光觸媒技術

未來之發展傳統的二氧化鈦必須吸收波長短於400nm之紫外光，因此，在應用上遭受極大的限制，未來發展必須開發新的材料讓二氧化鈦能利用可見光，同時又可以發揮原有的清淨能力，日本即有一研究群利用電漿前處理的方法，成功地將二氧化鈦可吸收利用的波長從紫外光皂範圍降至可見光，因此增加了二氧化鈦光觸技術之應用性。

三 光觸媒（TiO_2）的特性

抑菌、殺菌

以 TiO_2 的超氧化能力〔氫氧自由基〕破壞細胞的細胞膜使細菌質流失造成細菌死亡；凝固病毒的蛋白質，抑制病毒的活性，並且捕捉、殺除空氣中的浮游細菌，其能力高達 99.997%（以通過 TiO_2 清淨處理機的空氣）。

(1)可殺除大腸桿菌、綠膿菌、葡萄球菌、黴菌、化膿菌、白癬菌、黴菌等等。

(2)可分解空氣中過敏原、減少過敏性疾病及氣喘（蹒蟲），亦可分解黴菌。

(3)改善香港腳情形，甚至痊癒，且不傷皮膚。

無毒性

經美國FDA食品檢驗中心認可 TiO_2 為一安全物質對人體並無傷害，更經由以下以 TiO_2 為各行業所使用之添加物得知。

(1)食品工業：

①食品加工：作為白色添加色料。

②食品冷凍：冷凍庫、車中所使用 TiO_2 空氣對流處理機作為冷凍保鮮效果時可有效抑制乙醛濃度，使冷凍櫃、車中的

蔬果不至早熟而腐爛並延長保鮮時間。

(2)日常生活用品：化妝品業：隔離霜、防霜油或防紫外線化妝品（抑制太陽光中 UV 活性，避免對皮膚造成直接傷害）。

(3)醫藥業：內服用藥（胃藥）、抗癌（光化學法）。

(4)養殖業：魚類養殖業、培育室（具有殺菌殺藻效能）。

　　光觸媒：（TiO_2）受光後產生氫氧自由基（OH^-），與空氣中有機物質反應後，即成無毒之無機物。

脫臭（分解有機氣體）

　　因 TiO_2 所產生的氫氧自由基會先行破壞有機氣體分子的能量鍵，使有機氣體成為單一的氣體分子，加快有機物質、氣體的分解，故提高空氣清淨效率。

　　二氧化鈦 TiO_2 又稱光觸媒，比臭氧（O_3）、負離子，更有氧化能力；比活性碳、HEAP 有更強的吸附力亦具有活性碳、HEAP所沒有的功效（分解細菌）。TiO_2 脫臭能力根據歐美國家權威實驗室測試，每一平方公分的 TiO_2 與每一平方公分的高效能纖維活性碳比較，TiO_2 的脫臭能力為高效能纖維活性碳的 150 倍，相當 500 個活碳冰箱除臭劑。

　　隨科技進步環境所產生的污染源：

(1)自來水水中的餘氯臭味、有機物質產生的黴味，及水中氯分子與有機物結合生成的致癌物質（二氯甲烷）。

(2)香煙燃燒所產生的氨氣（NH_3）、乙醛（CH_3CHO）及醋酸（CH_3CHOH）等碳氫化合物。

(3)家具、壁紙、建材等所產生的福馬林（防腐劑）。

(4)汽、機車因汽油未完全燃燒所產生的氮氧化合物（NO_x）、一氧化氮（NO_x）實例：日本某高速公路路面舖設 TiO_2，有效將路口氮氧化物（NO_x）濃度降低 70～80%。

(5)廁所中尿素與細菌摻雜產生阿摩尼亞（氨氣 NH_3）。

(6)石化工業、塑膠加工臭味、蔬果腐敗的氣味（苯乙烯、乙烯、丙烯）。

(7)印刷加工、電子工廠、醫院使用的有機溶劑揮發後產生的有害氣體（甲苯、酒精、甲醇、戊酮、異戊酸……等等）。

水溝、排水道氣味（甲硫酸、硫化氫等等）。

親水性

TiO_2可經特殊處理後濺鍍於玻璃上，形成薄膜，使具有防霧功能，其透明度、表面硬度與玻璃相似，更可耐溫至＋$400°C$。當玻璃遇水且接受光源時表面不結水滴而形成水膜，且當玻璃乾燥後不會造成水痕。

自淨性

(1)當灰塵落於經TiO_2處理後之物體上，只需以清水清洗便會因TiO_2本身的親水性與地心引力配合，灰塵會隨清水一起脫落而無須另行清洗（日本巨蛋頂蓬之自我清洗能力亦是經TiO_2處理後的成果）。

(2)廁所地板、磁磚；便斗中頑垢、尿石之分解（日本TOTO衛浴公司已量產光觸媒衛浴設備）。

台灣奈米結構材料與技術之研究現況

一 前言

　　費曼（Richard Feynman）於 1959 年在加州理工學院發表了一個目前非常有名的演說，名為「在底層有很大的空間」。他以利用原子或分子製造材料及裝置會產生令人興奮之新發現的願景來激勵他的聽眾，他指出：要實現這樣的願景，需要一類小型化的儀器設備去操作及測量這些微小的奈米結構。直到 1980 年代，具有費曼所提出及預見之能力的儀器設備才見於世，這些儀器設備包括 STM（Scanning Tunneling Microscopes），原子力顯微鏡（Atomic Force Microscopes）及近場顯微鏡（Near-field Micro-scopes），提供了奈米結構量測及操作所需之「眼睛」及「手指」。

　　「微電子及系統技術」在 20 世紀末為世界帶來第二次工業革命，使世界在短短 30～40 年間之進步，超越過去幾千年。由於人類對微小化材料的殷切需求，已由原來的微米（10^{-6} m）範圍進入了奈米（10^{-9} m）範圍的時代，在面臨 21 世紀高科技發展的競爭中，奈米技術及材料的發展，將是國家高科技發展政策中不可或缺的一環。回顧過去半世紀科技的發展，人類對大自然資源的耗損，比起過去數百年有過之而無不及。能源、資源與環保問題將是面對 21 世紀人類生存的最大挑戰，毋寧說這是一場科技的革命，更可以說是科技理念之革新。我們並不希望今天的「垃圾場」成為明日最後之「礦場」，讓我們子孫從「垃圾場」找尋最後生存的出入。因此，人類科技 21 世紀的發展將更趨向於輕薄短小、多功能、物廉價美的方向發展。奈米技術與材料在過去 10 年來，在IC技術及奈米材料之發展下，已有相當突破性的研究成果，這些研究發展主要方向是重在物理、化學、材料、化工、電機、光電與機械等方面，在實際應用上具有特殊及特定

功能性，它的發展需要基礎物理、化學、材料、電機及機械等相關領域做有效之整合。這樣的整合，近年來在研究上有突出的發展，它不只有應用的價值，更在基礎科學開發了許多新領域。例如：奈米結構感測材料、電子陶瓷、光電材料、場發射顯示器、微制動器、微機電系統等應用上的開發。

2001 年國科會也針對奈米材料與技術之發展，在自然處及工程處投入相當研發經費，明年更有大型跨處之奈米研究主題，可見其未來之重要性。因此政府於 2001 年將奈米技術列為台灣未來 5 項新興高科技產業發展策略性焦點項目之一，且奈米國家型科技計畫從 2002 年開始至 2007 年，共編列預算約 192 億元，其中約有 100 億的計畫經費將在工研院執行。台灣這些年來奈米材料研究以合成與性質研究為主，探討奈米晶粒之原子結構、與化學界面間的關係、以及材料特性的影響等等。然而研究經費比大陸差距很大，更何況歐美。

二、台灣學研界研究現況

奈米晶粒由於製造方法的不同，可分類為等軸、層狀以及絲纖狀的奈米晶粒。合成奈米晶粒的方法，包括氣凝合成法、電子束、雷射或電漿氣相沈積法、機械合金法、分子束磊晶法、液態急冷凝固法、反應濺射法、溶膠—凝膠法、以及電化學沈積法等。其奈米晶粒之大小、形狀和結構會隨著不同的合成方法和控制條件而改變。氣凝合成技術的發展可追溯至 60 年代，目前的合成技術已趨近成熟，日本、美國及德國等國已有金屬、氧化及氮化奈米微粒的商業化產品上市，主要應用於磁性記錄體材料及厚膜導電或電阻粉體。利用氣凝合成技術亦可合成陶瓷及金屬奈米微粒的氣體感測材料，現為學術及產業界所重視。溶膠凝膠法則為量產陶瓷奈米粉體之重要技術。由於奈米微粒複合材料為目

前開發新高性能材料之重要成果，技術的突破使這一系列材料之製造成本漸能符合商業需求。另外，機械合金法目前已為量產合金奈米微粒之製造技術，在國際間廣為學術界所研究並應用於商業化之生產。這些技術文獻散見於各相關學術性雜誌。目前台灣過去幾年學界研究之現況可分述如下：

奈米結構材料合成

奈米結構材料包括奈米微粉體以及奈米多層膜之合成。目前台灣奈米微粉體之合成技術包括氣凝合成法、機械合金法以及溶膠凝膠法。利用氣凝合成法合成奈米微粒粉體之研究人員主要包括本研究室、台大地質系鄧茂華博士、及中央大學物理系李冠卿教授等。這些年來合成之奈米微粒材料包括金屬（如鐵、鈷、鎳、金、銀、銅、白金、鈀等）、合金（如銀鐵、銀鈷、銀鎳等）、氧化物（如氧化鎢、氧化鈦及氧化鋅等）及氮化物（如氮化鈦、氮化鐵等）奈米微粒材料。台大鄧茂華目前合成碳包覆鎳心之奈米微粒材料並研究探討磁特性，中央大學李冠卿教授則多年來研究合成奈米微粒銀並以拉曼光譜研究其光學特性。台北科大鍾清枝教授則利用真空潛弧技術合成奈米金屬粉體。

以機械合金法合成非晶質及奈米微晶粉體之研究有海洋大學材料工程研究所李丕耀教授、清華大學材料科學及工程系彭中平教授、逢甲大學材料工程系林中魁博士、中山大學高伯威教授以及義守大學鄭憲清教授等人。海洋大學材料李丕耀教授及逢甲大學林中魁博士多年來合作合成矽化金屬等非晶質粉體，已多年有成。清華大學彭中平教授主要合成非晶質與奈米微晶鈦基合金並研究其儲氫行為以及零維矽奈米晶之光激發特性研究。中山大學高伯威教授利用機械合金法合成金屬基複合材料，而鄭憲清教授研究方向以製作非晶質材料為主。

台灣大學化學系牟中原教授以模板複製技術合成MCM41孔

隙材料,國際知名,劉如熹教授則利用奈米氧化鍶開發機械化學拋光材料已有商業化應用價值。以溶膠凝膠法合成奈米微粉體在台灣大學化工系呂宗昕及戴怡德教授、中央大學化工系蔣孝澈教授以及成功大學化工系高振豐教授共同合作下,利用溶凝膠法合成氧化鋯、鈦酸鍶鋇鈣及氧化鋅奈米微粒。清華大學化學系趙桂蓉教授多年從事奈米孔洞材料之合成。另外,成功大學資源工程系顏士富、雷大同、黃啟原及溫紹柄等教授則共同研究探討奈米微粒 ZTA 陶瓷之合成、燒結性質及光學特性。台灣大學材料科學與工程研究所韋文成及段維新教授目前亦有相關研究進行。中正大學化學系王崇人教授多年來研究柱狀奈米金之合成與特性研究。

東華大學材料科學與工程研究所翁明壽教授以及中央研究院物理所劉鏞博士目前研究奈米多層膜之合成與應用。翁明壽教授目前合成奈米多層膜應用於超硬膜材料。劉鏞博士則專注於奈米多層磁性膜之合成與性質研究。

奈米碳管合成與應用方面,目前工材所賴宏仁博士開發電弧放電合成奈米碳管,清華大學蔡春鴻、林喻男教授等研究人員則利用化學氣相沈積法開發場發射顯示器用奈米碳管。奈米碳管合成之研究尚有中研院原分所陳貴賢教授、清華大學施漢章教授、交通大學郭正次教授以及成功大學丁志明教授等。中正理工學院機械工程學系馬廣仁在奈米碳管之製程研究亦有多年之經驗。

奈米微結構材料磁性及熱性研究

台灣目前研究奈米微粒材料之磁熱性,主要以中研院物理所姚永德博士及陳洋元博士為主,本研究室多年來與姚永德教授合作探討鐵、鈷、鎳、銀鐵、銀鎳、銀鈷系金屬之磁特性,已有相關成果發表。同時對於奈米微粒鐵或鈷表面氧化物或氮化物作用所產生之交換異方性效應(Exchange Anisotropy Effects),我們

利用 VSM 與 SQUID 低溫磁性之測量表面層對於交換異方性之影響，可以觀察到奈米微粒鐵或鈷表面之氧化物及氮化物對交換異方性有顯著之影響。同時我們與陳洋元教授及姚永德教授合作奈米微粒鈀熱性之量測，在小於 5 奈米之鈀奈米微粒可以觀察到量子躍升現象。陳洋元教授更探討奈米 CeAl2 材料之比熱性質，有許多重要性質發現。

同步輻射技術檢測奈米微結構材料性質

由於一般分析技術對於奈米微粒結構之靈敏度不夠，為深入研究奈米微結構材料之結構性質，以探討結構對奈米微粒材料性質之影響。因此，目前台灣相關研究學者經由同步輻射分析技術（ESCA、XAS、EXAFS、PEEM）之協助，深入研究奈米微粒之結構特性。參與這方面研究之學者主要研究學者有胡宇光博士、姚永德博士、陳洋元博士、李丕耀教授、林中魁教授及本研究室。研究題目包括奈米微粒鐵或鈷表面氧化物或氮化物之結構研究；奈米微粒銀鐵、銀鈷、銀鎳固溶體之結構探討；非晶質材料結構研究等。同時，為研究奈米微粒材料之表面反應，未來將利用同步輻射 PEEM 及光吸收光譜分析技術，探討奈米微粒半導體氧化物之表面元素分布以及表面能量與粒徑的關係，以了解奈米微粒半導體氧化物及催化劑與氣體感測靈敏度及氣體選擇性之關係。同時將探討表面材料性質與實際應用配合，可有效開發奈米微粒半導體氣體感測材料。此技術的發展成功將可增進工業界感測器開發能力，同時在提升台灣科技水準及與國外合作技術上，亦將有實質效益。

奈米量測與加工技術

中研院前物理所所長鄭天佐教授為國際知名場效原子束顯微鏡專家，與張嘉升教授曾利用 STM 場蒸發原子操控技術繪製原

子排列之台灣地圖，約 70×30 奈米大小，為台灣奈米加工之研究先驅。清華大學林鶴南教授曾在中研院物理所從事掃描原子束研究多年，目前亦是台灣重要奈米加工技術之研究人員。

　　目前台灣奈米科學與技術方面之研究方興未艾，可能無法涵蓋所有研究現況，僅能就過去幾年在奈米材料相關研究狀況做簡單整理，希望提供參考。也可以看出過去十年台灣研究界在奈米材料與技術方面之努力。

三　結論與未來展望

　　台灣目前奈米微結構材料研究以合成與性質研究為主，探討奈米微粒之原子結構、與化學界面間的關係、以及材料特性的影響等等。未來較具實務及時間性的重心，可能是製作過程的改良精進。如何能製造更富有延性，更均勻的奈米微晶粒。同時深入奈米微結構材料之理論基礎探討，使之更具體化。此外，奈米微粒之原子結構與化學界面間的關係、以及材料特性的影響等等，都是理論研究者必須關心的。同時如何應用奈米微晶粒之物理化學特性於功能性材料之開發，亦是當今重要之課題，如感測器、磁性材料、觸媒材料等。當然，我們也必須對奈米微晶材料與傳統材料的特性做更深入之比較；目前對於純物質的晶體或非晶態材料與奈米微晶材料的比較較為完備，但對於工程用合金及非晶質合金等多成分系統之比較，則需要未來做更大的努力。而奈米加工技術之提升，需有賴更多研究的投入。

參|考|文|獻

科學發展月刊 359 期　奈米新世界 2002.11 http://nano.nchc.org.tw/

科學發展月刊 386 期　奈米科技　高逢時 2005.02 http://nano.nchc.org.tw/

科學發展月刊 398 期　奈米科技與生活　陳貴賢 2006.02 http://nano.nchc. org.tw/

奈米科技產業所潛藏的危害（94/10/31）勞工安全衛生研究所 http://www. iosh.gov.tw/data/f5/news941031.htm

奈米現象　科技產品真假難辨
http://www.tts.idv.tw/html/Nady/%A9`%A6%CC%B2{%B6H.htm

「奈米科技」──全球第四波工業革命 http://www.oit.edu.tw/enews/en-ews143.htm

奈米科學網　奈米細胞可以治療腫瘤　廖淑芳譯

奈米科學網　奈米微粒技術有助於診斷阿茲海默症　廖淑芳譯

奈米科學網　奈米微粒的大小影響細胞吞噬　李淑蘭譯

奈米科學網　奈米碳管可快速通過身體　李淑蘭譯

奈米科學網　奈米線可偵測血液中的癌症標記　李淑蘭譯

奈米科學網　金奈米棒可追蹤血液流動　林主恩譯

奈米科學網　金奈米微粒揭開腦部活動的奧秘　李淑蘭譯

奈米科學網　腫瘤新剋星：碳奈米管雷射療法　李淑蘭譯

奈米科學網　碳奈米微粒促進血液凝固　廖淑芳譯

奈米科學網　碳奈米管有助於修復腦部損傷　廖淑芳譯

奈米科學網　鼻吸式奈米球成為防疫新利器　李淑蘭譯

奈米科學網　暴露在奈米材料下的基因會被活化　李淑蘭譯

奈米科學網：http://nano.nchc.org.tw/

李驊芳，「奈米技術──製造技術大躍進」，能力雜誌，第 541 期，2001 年 3 月。

林鴻明,林中魁，「奈米科技應用研究與展望」，工業材料，第 179 期，2001 年

胡淑芬，「奈米科技發展之介紹」，國科會國家毫微米元件實驗室通訊，第 8 卷第 4 期，2001 年 11 月。

郭啟全，「二十一世紀前瞻科技──奈米技術」，機械技術雜誌，第 2064..

期，2002

楊日昌，蔡嬪嬪，「奈米科技簡介」，經濟情勢暨評論，第 8 卷，第 1 期，2002

黃國維，奈米科技市場與發展概況，台北：工業技術研究院產業經濟與資訊服務中心，pp.3-5。

迎接奈米科技新世代」，電工資訊雜誌，第 136 期，2002 年 4 月。

楊謀，「奈米科技主導下一波產業革命」，電工資訊雜誌，第 135 期，2002 年 3 月。

馬遠榮，「奈米科技與工業革命」，科儀新知，第 126 期，2002 年 2 月。

尹邦躍，奈米時代，台北：五南，pp.31-49。

http://www.fg.tp.edu.tw/～d3352124/chemical.htm

http://www.sciscape.org/news_detail.php? news_id=651

Science NOW: Probing Nanotech's 'Dark Side'

U.S. Senate Committee on Commerce, Science and Transportation, June 19, 2003,

House Committee on Science, May 7, 2003,

Science News Online: Taming High-Tech Particles

http://www.hcgnet.com.tw/

http://nano.nchc.org.tw/aboutnano.php

http://www.wfdn.com.tw/9109/020911/01-06/091104-2.htm

http://nano-taiwan.sinica.edu.tw/HeadLineNewsDetailBig5.asp? NewsNo=2& DetailNo=242003/3/10（蕃薯藤科技城）

http://www.protec-maschinen.de/lotus_effect-E.htm

http://www.botanik.uni- bonn.de/system/plant-a.htm

http://nano.nchc.org.tw/aboutnano.php

工商時報　財經產業　民國 91.11.25

工商時報　財經產業　民國 91.08.25

2005 年 11 月 e 天下雜誌

2003/3/10 蕃薯藤科技城

YAHOO 奇摩新聞（12:20:10 中央社）

數位時代雙週刊（2002.08.01）

儀測科技國際股份有限公司 Email: denpita@pic.com.tw

http://www.denpita.biz

http://www.flashtio2.com.tw/tio2/tio2main.htm

http://www.phoenix-biotech.com.tw/prod03.htm

http://www.circuit.com.tw/newpage15.htm

http://www.luxe.com.tw/n/n2.htm

大泊巖編著，圖解奈米技術，2003，全華科技圖書股份有限公司。

張安華主編，實用奈米技術，2005，新文京出版社。

國家圖書館出版品預行編目資料

奈米科技與生活／廖培怡 著.
— 初版. — 臺北市：五南，2006[民95]
面； 公分
ISBN 978-957-11-4448-1（平裝）
ISBN 957-11-4448-7
1.奈米技術
440.7   95015000

5E44

奈米科技與生活

作　　者 — 廖培怡（333.4）
發 行 人 — 楊榮川
總 編 輯 — 王翠華
編　　輯 — 王者香
文字編輯 — 施榮華
封面設計 — 童安安
發 行 者 — 五南圖書出版股份有限公司
地　　址：106 台北市大安區和平東路二段 339 號 4 樓
電　　話：(02)2705-5066　傳　　真：(02)2706-6100
網　　址：http://www.wunan.com.tw
電子郵件：wunan@wunan.com.tw
劃撥帳號：01068953
戶　　名：五南圖書出版股份有限公司

台中市駐區辦公室 ／ 台中市中區中山路 6 號
電　　話：(04)2223-0891　傳　　真：(04)2223-3549
高雄市駐區辦公室 ／ 高雄市新興區中山一路 290 號
電　　話：(07)2358-702　傳　　真：(07)2350-236

法律顧問　林勝安律師事務所　林勝安律師

出版日期　2006 年 10 月初版一刷
　　　　　2008 年 9 月初版二刷
　　　　　2012 年 4 月初版三刷
　　　　　2014 年 10 月初版四刷

定　　價　新臺幣 290 元